图说海洋

郑亭亭◎主编

世界上最奇妙的100种极地景观

海洋出版社
北京

图书在版编目(CIP)数据

世界上最奇妙的100种极地景观/郑亭亭主编. —北京：海洋出版社，2017.2

（图说海洋）

ISBN 978-7-5027-9620-4

Ⅰ.①世… Ⅱ.①郑… Ⅲ.①极地－普及读物 Ⅳ.①P941.6-49

中国版本图书馆CIP数据核字（2016）第282612号

图说海洋

世界上最奇妙的

100种极地景观

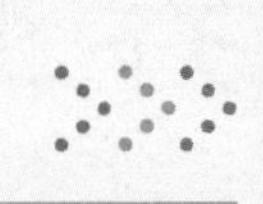

总 策 划：刘　斌

责任编辑：刘　斌

责任校对：肖新民

责任印制：赵麟苏

排　　版：申　彪

出版发行：海洋出版社

地　　址：北京市海淀区大慧寺路8号 (716房间)
100081

经　　销：新华书店

技术支持：(010) 62100055

发 行 部：(010) 62174379 (传真)　(010) 62132549
(010) 68038093 (邮购)　(010) 62100077

网　　址：www.oceanpress.com.cn

承　　印：北京朝阳印刷厂有限责任公司

版　　次：2018年10月第1版第2次印刷

开　　本：787mm × 1092mm　　1/16

印　　张：13.75

字　　数：330千字

定　　价：39.00元

本书如有印、装质量问题可与发行部调换

前　言

世界之大，无奇不有，世界之奇，尽在极地。

极地位于地球南、北两端，北端涵盖了西欧、俄罗斯、美国等国家的高纬度地区，而南端主要是广袤的南极大陆。这是一片冰天雪地的世界，因为不适宜人类生存，故而不为人所知。在这里，有着许多无法想象的自然和人文奇观：它可以是人们想象中的冰天雪地；也可以如外星球般寸草不生；还可以像人类一样流出血色液体。极地或是美得让人震惊；或是奇特得让人只能感叹：感叹在这一片圣洁的美丽世界上，怎么会有如何不可思议的存在。但同时，它也与我们密切相关，厚厚的冰川中储藏了地球上约 71.58% 的淡水资源，随着人类活动所引起的气候变暖，许多冰川开始融化，开始侵袭人类的生存地。

对此，许多科学家踏上极地，进行气象、冰川、地质、海洋、生物等领域的科学研究，寻找人类的起源及应对变暖的气候。

本书将带领大家从智利出发，一起去探索俄罗斯、美国、南极洲、挪威、瑞典等地的极地奇景，这些有的是世界之最，更多的则是未解之谜。在广阔的极地地区，是一片未知的世界，这里藏着无数的奥秘，这些都等待着你去发掘、探索。

本书由郑亭亭老师任主编，参与资料及图片整理的还有李志飞、徐卫国、赵红洁、魏铭志、杨树洪、孙源龙、宋林林、李进军、王惠明、孙晋华等。

目 录

智利极地奇观

地球上最像火星的地方 **阿塔卡玛沙漠** / 2
左手火山，右手冰川 **圣地亚哥** / 6
企鹅的王国 **马格达莱纳企鹅岛** / 7
冰河世纪 **巴塔哥尼亚冰原** / 9
通往南极之门 **蓬塔阿雷纳斯** / 12
极地漂流的最佳线路 **帕伊乃塔国家公园** / 14
海上坟场 **合恩角** / 15
你看到的世界是蓝色的 **百内国家公园** / 17

阿拉斯加极地奇观

冰雪雕琢的公园 **冰川湾国家公园** / 22
极光风光壮硕辽阔 **熊湖** / 26
童话里的列车 **极地列车** / 27
熊出没！注意 **卡特迈国家公园** / 29
比黄石公园更壮美的国家公园 **德纳利国家公园** / 32
阿拉斯加之源 **克拉克湖国家公园** / 36

阿拉斯加的小瑞士 **瓦尔迪兹** / 38
最靠近北极圈的城市 **费尔班克斯** / 40
圣诞老人之家 **北极村** / 43
北半球的奇迹 **北极之门国家公园** / 45

俄罗斯极地奇观

终年不冻的港湾 **摩尔曼斯克** / 48
北极圈上的明珠 **萨列哈尔德** / 51
俄罗斯最北的植物园 **北极阿尔卑斯植物园** / 54
地球上最冷的村庄 **奥伊米亚康村** / 56
西伯利亚的蓝眼睛 **贝加尔湖** / 58
人类传承的奇迹 **洛沃泽罗** / 62
原生态极地岛屿的代表 **奥利洪岛** / 64
地球上最冷的城市 **雅库茨克** / 66
俄罗斯的极地鬼镇 **普斯托泽尔斯克** / 68
倾听孩子们的圣诞节愿望 **耳朵山** / 69

芬兰极地之美

北极圈的眼泪 **伊纳里湖** / 71
离上帝最近的地方 **赫尔辛基大教堂** / 74

世界上唯一一座建立在岩石中的教堂　**岩石教堂** / 76

波罗的海的长城　**芬兰堡** / 78

极光奇遇记　**玻璃屋** / 79

冰雪奇缘的绝唱　**拉普兰** / 80

圣诞老人的童话梦工厂　**圣诞老人村** / 82

世界上最大的冰雪城堡　**凯米** / 85

丹麦极地美景

安徒生的故乡　**欧登塞** / 88

橡木桩上的湖中城堡　**伊埃斯科城堡** / 90

世界上最快和最活跃的冰川　**伊卢利萨特冰峡湾** / 92

最孤独的童话世界　**格陵兰** / 95

瑞典极地之美

瑞典皇室的第一个家　**西格图纳小镇** / 100

世界上最大的冰建筑物　**冰旅馆** / 101

北方的威尼斯　**斯德哥尔摩** / 102

阿根廷极地美景

南极梦的开端　**乌斯怀亚** / 106

真正的天涯海角　**火地岛国家公园** / 110

南极洲的“魔海”　**威德尔海** / 112

冰岛极地奇观

地球的眼泪　**间歇泉** / 114
瀑布中的“皇后”　**黄金瀑布** / 115
彩虹的缔造者　**斯科加瀑布** / 117
欧洲最高最汹涌的瀑布　**黛提瀑布** / 118
惊险又惊艳的冰火两重天　**米湖** / 119
极北之境的守望者　**哈尔格林姆斯教堂** / 121
通往地心之“门”　**斯奈山半岛** / 122
奇幻天空的舞者　**冰岛极光** / 123
冰河时代的别样风光　**瓦特纳冰川国家公园** / 125
世界最美地下城　**蓝冰洞** / 129
世界上最古老的国会所在地　**辛格瓦德拉湖** / 131
闻名遐迩的“天然美容院”　**蓝湖** / 132
邂逅一尘不染的黑　**维克小镇** / 135
摄影爱好者的天堂　**草帽山** / 138
北极圈的庞贝　**西人岛** / 139
北欧诸神的封印　**神灵瀑布** / 141
北极圈旁的花园　**阿库雷里** / 142

南极极地之美

世界最后一片净土　**南极半岛** / 144
世界上最干燥的地方　**泰勒干谷** / 147
世界最高的活火山　**埃里伯斯火山** / 149
生命的起源与终结同在　**死亡冰柱** / 151
南极大陆上不冻湖　**范达湖** / 152
世界上最大的冰下湖　**沃斯托克湖** / 154
世界上最大的冰川　**兰伯特冰川** / 156

世界第五大洋　**南冰洋** / 158
神秘的现代城市群　**南极腹地** / 159
世界上最大的冰架　**罗斯冰架** / 160
地球上最南端的博物馆　**拉可罗港** / 162
最“纯种”的南极洲岛屿　**赫德岛** / 164
世界上最深的海峡　**德雷克海峡** / 165
从这里，登上南极大陆　**纳克港** / 167
世界最南端的温泉　**欺骗岛** / 168
最后一片净土　**布朗断崖** / 170
柯达画廊　**利马水道** / 171
南极的地球村　**乔治王岛** / 172
帽带企鹅栖息地　**半月岛** / 173
企鹅高速公路　**库佛维尔岛** / 174

挪威极地奇观

最古老的木屋传奇　**卑尔根** / 176
恶魔之舌　**奥达** / 179
挪威最美的小镇　**努尔黑姆松** / 181
千万鳕鱼群，条条涌向海　**斯沃尔韦尔** / 183
上帝荣耀装点的城镇　**勒罗斯** / 186
北极圈内的仙境渔村　**雷纳** / 188
冰雪中的“北国巴黎”　**特罗姆瑟** / 190
上帝的山谷　**奥斯陆** / 192
世界最北的城市　**朗伊尔城** / 195
峡湾中的高冷仙境　**尼加斯布林冰川** / 197
北方有佳人，绝世而独立　**奥勒松** / 199
出没在峡湾里的“海盗”　**金沙维克** / 201
真正的世界尽头的模样　**北角** / 202
世界上最长最深的峡湾　**松娜峡湾** / 204
全球 50 处最壮丽的自然景观之首　**布道石** / 206

胜似极地美景

神奇大地的至北端　**漠河** / 208
斯洛文尼亚的童话秘境　**布莱德岛** / 211

Chile polar spectacle

1 智利极地奇观

地球上最像火星的地方

阿塔卡玛沙漠

所在地：智利
特　点：每年九十月份，百花盛开；有美丽的星空
…

“日照强、干燥、天空晴朗，到了夜晚，自己仿若置身于星空之中。”在大热韩剧《来自星星的你》中，男主角都教授曾这样评价阿塔卡玛沙漠。都教授说，这里是他在地球上最喜欢的地方，这个地方究竟为何让无所不能的都教授如此着迷呢？

最像火星的世界干极

阿塔卡玛沙漠是南美洲西海岸中部唯一的一片沙漠地区，它地处安第斯山脉和太平洋之间，面积约为18万平方千米，南北绵延数千米，在副热带高气压带下沉气流以及离岸风和秘鲁寒流的影响下，这里成为世界最干燥的地区之一，被称为世界“干极”，这里年均降水

量小于 0.1 毫米，是地球上最接近火星自然环境的地方。这里土壤荒瘠、酸性强，很难有生物存活，“这是我们唯一没发现生命的地方，是名副其实的死亡之地”。“无论在南极、北极或任何其他的沙漠，铲起一块土，总能发现细菌。但在这里，你什么都找不到。”许多科学家都这样形容这片地区，而造成这一现象的根源，则是因为缺水。据称，在沙漠的某些地区，几百年来都没有丝毫的降水记录，活脱脱就像是一座“火焰山”。

[来自星星的你中的剧照]

在《来自星星的你》第 16 集中，都教授用望远镜和一叠阿塔卡玛沙漠星空图就收服了允才。都教授说阿塔卡玛沙漠是他在地球上最喜欢的地方，允才说他毕生的愿望就是赚钱到此一游。

月亮谷是这里著名的景点之一，由大量石头和沙子组成。它十分干燥，因为类似月球表面而得名。月亮谷是一个如梦如幻的地方，在这里漫步，人们会感觉穿行在一个奇幻世界，这里是观赏日落的理想地点，日落西山时，天空呈现出浓重的绛紫色，随着距离的拉近，天空又呈现出赭红、绛红、正红、橘红和粉红，这些颜色不断地糅合，在人们的心中不断地渗透。

在许多人看来，沙漠是死的，然而，这里的沙漠却是活的。人们也许难以想象，如此干燥的地方为什么还是“活的”，但是，在阿塔卡玛沙漠，确实存在着一些绿洲地带，每年，阿塔卡玛沙漠人都会依循季节在周边放牧，他们是 3000 多年前在此定居的印第安人后裔。他们住在周边的原住民小区中，在这片贫瘠的地区耕作、放牧。

在这里，有一种叫做间歇泉的景观，淤积地下的雨水在遇热膨胀后成了蒸气，沿地壳裂缝喷出，故名间歇泉。当然，如果地下水不是受压喷出地面，而是流出地面的话，那便成了温泉。 这些间歇泉一般都出现在火山活动频繁的地区，而这里尽管是世界上最干旱的沙漠，但仍然有不少火山活动，因此也拥有着不少的间歇泉。每天清晨，聚集在这里的 80 多个间歇泉都会一起喷发，十分奇妙。

阿塔卡玛地区风景名胜数不胜数，“开花的沙漠”就是其中一个令人震撼的奇观。因为气候原因阿塔卡玛沙漠里的花朵会绽放两次，这是在智利历史上都未曾有过的。

花开的沙漠

虽然阿塔卡玛沙漠的气候条件非常极端，但是这里却栖息着约 1900 种动植物，其中三分之一以上是阿塔卡玛沙漠固有的品种。阿塔卡玛沙漠的南部被称为“开花的沙漠”，这是去阿塔卡玛地区必游的景点之一。每到九十月份，阿塔卡玛沙漠南部百花盛开，争奇斗艳，十分美丽，而这美丽神奇的自然现象使原本的干旱不毛之地变成了五彩的花园。当地的植物学家把这种现象称为“沙漠的花田”。

那么，这种现象是如何产生的呢？据称，是独特的厄尔尼诺现象造就的沙漠中百花盛开的景象，据地理学者调查，这种现象发生的时间和厄尔尼诺现象带来的智利近海海水温度的周期上升近乎一致。在厄尔尼诺现象发生时，赤道附近的偏东信风减弱，当地温暖海水滞留在东部，导致美洲大陆的降水量增加。而这也就造成了阿塔卡玛沙漠的奇景。

阿塔卡玛沙漠

[阿塔卡玛沙漠星空]

观星者的天堂

除了定时盛开的百花，阿塔卡玛沙漠的星空也是许多旅行者追寻的目标，当夕阳西下时，智利这个远北沙漠就成为了世界最佳观星地点之一。一般来说，观星都需要准备好专业的器械，然而在这里却大可不必，当人们抬头望向天空时，无数细节都可以清晰无比地出现在眼前，而这些通常只能在色彩增强的纪录片中观察到。如果有机会登上当地的天文台，可以更加近距离地看见沙漠夜空中闪耀的漫天繁星。在这里，天空毫不隐藏地将自己展现在人们的面前，就像是一个万花筒。当地甚至还推出了“天文游”，让所有天文爱好者可以更加近距离地接触这片星空。

白雪皑皑的火山、繁花开遍的花田、蔚蓝梦幻的星空、炽热的天然间歇泉，在这里一应俱全。张开双臂，去拥抱花田，擦亮双眼，去一览这动人的星空吧。

[人形骨架]

在 2003 年 10 月 19 日，一个名为奥斯卡 · 穆尼奥斯的人在拉诺里亚城寻找具有历史价值的东西时，在一个废弃的教堂旁边发现了这个小骷髅架。当时骷髅被包在白布里面，大约有一支钢笔的长度。骷髅呈深色，有着坚硬的牙齿。与人类所不同的是他有 9 根肋骨。

英国《每日邮报》曾报道，10 年前有人在智利北部的阿塔卡玛沙漠中发现一具非常袖珍且类似木乃伊的遗体，只有 6 英寸（合 15.24 厘米）高。这具遗体的头骨很大，跟身体不成比例，曾引发可能是外星人的猜测。美国斯坦福大学的科学家经过多年研究验证，最终确定这具遗体是个变异的人类。

左手火山，右手冰川

圣地亚哥

悠久的历史，天然的山水，让这个城市具备了一种历史积淀下来的独特的风韵与灵动。碧波粼粼的马波桥河从城边缓缓流过，终年被积雪覆盖的安第斯山脉静静地环抱，这就是圣地亚哥——南美的第四大城市。

所在地：圣地亚哥
特　点：一座拥有400多年历史的古城，坐落在火山和冰川之间

圣地亚哥是一个十分热门的名字，世界上许多城市都把圣地亚哥这一称呼作为自己城市的代表，如古巴的第二大城市圣地亚哥，阿根廷的圣地亚哥省，美国加利福尼亚州的圣地亚哥城，但说到历史悠久，智利的圣地亚哥无疑是最为古老的。圣地亚哥是一座拥有400多年历史的古城，由于地处美洲大陆的最南端，与南极洲隔海相望，因此，当地人也常常称自己的家乡为“天涯之国”，它地处智利中部，属于该国北部地区与南部地区的过渡地带，因此，在这里我们既可以看到茫茫的冰雪也能看到雄壮的火山。

1541年2月12日，西班牙殖民者瓦尔迪维亚率领150名骑兵来到这里，在当地的圣卢西亚山上修筑了南美洲大陆上的第一座炮台，与此同时，他还在山下用泥砖和草木建筑了一批原始的住宅区，而这简单的构想，就是圣地亚哥城的雏形。

[圣地亚哥]
圣地亚哥是一座原始而又现代的城市，它联通南北，这里的每一处美景，都是历史赋予当地人最好的礼物。

1818年4月5日，在迈普之战中，智利打败西班牙取得了独立，于是，圣地亚哥这座具有独特象征意味的城市成为智利的首都。公元19世纪，圣地亚哥开始进入了大规模的开发阶段，城市进入了迅速发展阶段，现今最著名的圣地亚哥武器广场、圣地亚哥大教堂、奥希金斯大街、智利国家历史博物馆、中央邮局、圣地亚哥市政府等大都是在那个时期建立起来的。

企鹅的王国

马格达莱纳企鹅岛

这是一个企鹅的王国，在这里，可以与成千上万只企鹅近距离接触，和它们一起玩耍嬉戏。在这里，人们可以看到真正的人与自然和谐共处的景象，这就是马格达莱纳的企鹅岛。

[马格达莱纳企鹅岛一景]

所在地：马格达莱纳企鹅岛

特　点：马格达莱纳岛是世界上最南的岛屿之一，生活着许多的企鹅

…

马格达莱纳岛国家公园位于智利南部，智利对于中国人来说的确有些遥远，智利是全世界最为狭长的国家，从地球的东北端到地球的西南边，智利拥有最长对角线距离，由于横跨38个纬度，因此，这里的气候条件涵盖了北部沙漠的热带气候、中部海洋的地中海气候以及南部高山冰川的寒带气候。智利神奇的地形地貌和丰富的西班牙殖民地文化让许多人都朝思暮想。

马格达莱纳岛是世界上最南的岛屿之一，这里面积为2024平方千米，最高海拔达1660米。1967年，当地政府在这里设立森林保护区，1983年，这里被特许建立国家公园。

马格达莱纳岛俗称企鹅岛，是智利不可错过的美景之一，如果你喜欢动物，喜欢企鹅，那么你就应该来这

[麦哲伦企鹅]

麦哲伦企鹅是温带企鹅中最大一个种类，在企鹅家族中属于中等身材，一般身高约70厘米，体重约4千克。它们的头部主要呈黑色，有一条白色的宽带从眼后过耳朵一直延伸至下颌附近。

里。在岛上，居住着漫山遍野的企鹅，据说超过10万只。每年10月，超过6万对企鹅来到这里交配繁衍后代，这时岛上的企鹅也是最多的，情景十分壮观。但是，作为这里的主人，它们拥有绝对的权威，在这里有一条“不可触摸条例”：来这里的旅客不允许去触摸和伤害企鹅，否则就会受到当地的惩罚。

这里是一片未受污染的企鹅、鸬鹚和其他鸟类的栖息地。这里的企鹅品种名为麦哲伦企鹅，它是温带地区企鹅类中最具有代表性的物种，主要分布于南美洲南端海域的各个群岛中，1519年，著名航海家麦哲伦最早发现了这种企鹅，于是，它就被命名为麦哲伦企鹅。麦哲伦企鹅属于群居性动物，它们经常栖息在一些近海的岛屿，与其他种类的企鹅不同，麦哲伦企鹅可以直接饮用海水，并将盐分排出体外。麦哲伦企鹅十分喜爱藏身于茂密的草丛或灌木丛中，以躲避鸟类以及天敌的捕杀。此外，在一些气候较为干燥、植被不算茂盛的地带，只要地质松软，麦哲伦企鹅也会在这里挖洞坐窝。这些企鹅每年都会在10月到来年3月之间回到这里产卵，并养育它们的下一代，因此，这里也筑了大量的企鹅巢，每年3月，企鹅会将蛋深埋在沙滩洞穴或者灌木之下，随后便开始等待自己孩子的出生。这个岛上的企鹅由于未受过人工养殖，因此充满了野性，而这种天生的好奇和野性，也让它们十分调皮可爱，但如果游人走得太近或太快，它们也会藏入洞穴或尝试跳入水中躲避。

为了保护麦哲伦企鹅，当地政府只允许游人在此停留一个小时左右，一般来说，在企鹅觅食的时候近距离观察企鹅是最好的选择。除了看企鹅外，这里的风景也十分迷人，高耸的火山，透亮的冰川，一切都像是梦幻中的世界。

麦哲伦企鹅分布于主要分布在南美洲阿根廷、智利和多风暴的、岩石耸立的南美洲南海岸和富克兰群岛沿海，也有少量迁入巴西境内。每年9月，麦哲伦企鹅在巴西度过冬天后就回到阿根廷和智利进行繁殖。

雌性企鹅在4岁达到性成熟，雄性企鹅为5岁，这可能是由于雄性企鹅数量多于雌性企鹅所致，使年轻的雌企鹅比年轻的雄企鹅更容易找到配偶。过往有研究发现它们对伴侣忠贞，每年经长时间分开迁徙后，仍会回到伴侣身边，而麦哲伦企鹅的寿命一般为25年。

冰河世纪

巴塔哥尼亚冰原

这里一年四季都是白茫茫的一片，陡峭的冰川，晶莹的冰凌，像极了《冰雪世界》中那个由冰搭建成的童话世界。当然，这种极致的美，也让无数人为之痴狂，为之眷念。

[《荒野求生》剧照]

《荒野求生》是美国探索频道制作的一档写实电视节目，由英国冒险家贝尔·格里尔斯主持，每集他会走到沙漠、沼泽、森林、峡谷等危险的野外境地，在极为恶劣的环境下，为脱离险境，设法寻找回到文明社会的路径。

冰雕玉砌的世界

两万年前，整个南美洲南部地区被冰原覆盖，到处都是一片冰雕玉砌的世界。一万年前，地球来到了冰河时期末期，冰川开始进入最后的“活跃期”，当时，阿根廷广大地区，包括巴塔哥尼亚高原上的卡拉法特镇都完全处于冰川的覆盖之下。随后，气候变暖，冰川融化，降水也慢慢减少，冰川的冰雪没有了有效的补给，于是这一大片冰川开始慢慢退缩，现在，这片覆盖南美南部的冰川只剩下 4%，它们覆盖在两个冰原上——北巴塔哥尼亚冰原和南巴塔哥尼亚冰原，这里冰雪与火山相互映照，冰川同密林互相交错，气候条件十分恶劣，历来被称为“风土高原”。

所在地：巴塔哥尼亚冰原
特　点：由冰川组成的冰雪平原

巴塔哥尼亚冰原横跨安第斯山脉南部，它是世界上面积仅次于南极和格林兰的第三大大陆冰原。北巴塔哥尼亚冰原终年被大片的冰川覆盖，这里人烟荒芜，就像是一片蛮荒的原野，完全没有任何生气，在美国著名真人秀《荒野求生》中，主持人贝尔·格里尔斯带着我们见识了无数艰苦卓绝却又美丽动人的人间胜境，而他就曾跳伞进入南巴塔哥尼亚冰原，领教全世界最严寒的环境，这里的冰川是蓝颜色的，像岩石一样坚硬的冰块，

［巴塔哥尼亚冰原］

这里南接南极洲冰层，在这里，你可以看到在冰川雕蚀下形成的白雪海岸，可以看到被冰原反射下苍凉幽邃的蓝天；还可以看到生长了数千年的森林、冰川、岛屿。

［佩里托－莫雷诺冰川］

佩里托－莫雷诺冰川是人类可直接抵达和近距离观赏的少数冰川之一。

在阳光的折射下，呈现出一种像毛玻璃一般的感觉。相对于北巴塔哥尼亚冰原，南巴塔哥尼亚冰原面积达17000平方千米，它位于智利和阿根廷交界处，为这两个国家供应着淡水资源，它也是世界上第三大淡水储备地。

以南巴塔哥尼亚冰原为基础建立的阿根廷冰川国家公园，在1981年被联合国教科文组织评为世界自然遗产，这是一个奇特而优美的自然风景区。这里有许多崎岖的山脉和陡峭的冰湖，深达719米的南美第二大深湖——阿根廷湖就是其中之一，在阿根廷湖的远端，有三条冰河交汇，乳白色的冰水倾泻而下，十分壮观。

佩里托－莫雷诺冰川的冰块一如既往地从冰舌末端脱裂并落入阿根廷湖中，巨大的声响宣示着大自然的永恒运动。它是“活着”的冰川，这个说法，是相对于地球上众多只退不进的冰川而言的。出于某种未知的原因，莫雷诺冰川是世界上少数正在生长的冰川之一，也是巴塔哥尼亚冰原众多冰川中仅有的三条还在生长的冰川之一。

移动的活冰川

佩里托－莫雷诺冰川是当地最著名的冰川，它绵延30千米，有近20万年历史，这是一块移动的活冰川，每天它都像一堵巨大的“冰墙”一样以30厘米的速度不断推进，身临其下，让人似乎感受到冰川时代的气息。随着气温变暖，冰川的雪水不断消融，湖水的压力会引起大面积的冰体破裂，所形成的裂冰会不时产生沉闷的爆响，这种惊险刺激的景象被称作“冰崩”。大约每隔4年时间，佩里托—莫雷诺冰河就会出现一次壮观的大规模“冰崩”现象，这也是南美洲最具观赏性的自然景观之一。

在这片冰原上，曾发生过无数或惊心动魄或永垂不朽的动人故事。人类进化论的开创者达尔文和费兹洛船长曾乘坐“猎犬号”在这片冰域留下痕迹，而这些痕迹，组成了《进化论》的动人篇章。第一次世界大战后，探险爱好者曾鲁士乔驾驶着他的“青岛号”首次拍摄了南巴塔哥尼亚冰原的全部景象。然而不幸的是，由于飞机失事，他坠毁在了这片冰雪世界中，最终机毁人亡。除了这些惊险的探险故事外，这里也无数次地成为了争端的导火索，数百年前，在外来人知道了这片美丽的土地后，生活在当地的特尔维切人和其他印第安族群被残忍地屠杀，最终被灭种。除此之外，由于地处阿根廷与智利的交界处，这两个国家曾经多次欲为这片土地开战，而冰川国家公园的建立也是阿根廷争夺土地的结果。

当地时间 2016 年 3 月 10 日，阿根廷圣克鲁斯省西南部冰川国家公园中的佩里托－莫雷诺冰川拱门“冰桥”部分发生裂缝和垮塌。形成了难得一见的冰雪拱桥奇观。

[佩里托－莫雷诺冰川]

佩里托－莫雷诺冰川以探险家弗朗西斯科·莫雷诺（Francisco Moreno）来命名，他是 19 世纪研究此地区的先锋，并在保卫阿根廷领地上有重要贡献。

退化中的冰川

然而，如此壮观的美景也许即将离我们而去。据研究，整个巴塔哥尼亚冰原的 47 条冰川中，有 44 条在不断的退缩，南巴塔哥尼亚冰原和北巴塔哥尼亚冰原也明显变薄，并在过去数年中后退了数千米。目前，冰川的融化还呈现加速的趋势，尤其是 1995—2000 年，冰层消失的速度是之前的两倍，冰川的融化导致海水水位上升，世界各地的低洼海岸都面临着水淹的危险。

“冰川的后面是什么？”看到如此壮观的景色，无数探险者都问过这样一个问题。

“望不到尽头的冰，一直通到太平洋。”当地人如是回答。

如果仍然任性地破坏生态自然环境，在冰川后面，也许就是人类的末日。

卡拉法特是一个季节性繁荣的小镇，每当到南半球的夏季，这里便会聚集来自世界各地的旅行者，若不是因为佩里托－莫雷诺冰川和阿根廷冰川国家公园，这个始建于 1927 年的小镇很可能一直是木材交易者的临时落脚点。小镇四周的荒原上生长着一种开黄色小花、结深蓝色小果的植物“calafate”。历史上当地人用它的果实做成果酱、果干，给单调的饮食增添了不少甜蜜和营养，为了纪念这种给人以温馨的植物，当地人干脆把地名也取成 Calafate。从这地名的来源可以推测，这里原本并不适合人类居住。

通往南极之门

蓬塔阿雷纳斯

这里位于智利的最南端，是通往南极的门户，每一个前往南极的旅行者都会把这里当做歇脚地，以平复自己内心的激动之情。在这里有高耸的冰川、凛冽的冷风，还有星罗棋布的湖泊。踏上蓬塔阿雷纳斯，人们已经能隐隐约约地感觉到南极的召唤。

所在地：蓬塔阿雷纳斯
特　点：进入南极的必经之地

蓬塔阿雷纳斯是一座位于智利南部的小城，它创建于1849年，位于智利的布朗斯威克半岛。它俯瞰麦哲伦海峡，与火地岛和南极洲隔海相望，号称是“地球最南端的城市”之一，也是进入南极的门户之一。蓬塔阿雷纳斯是智利一个重要的港口城市，在巴拿马运河未开通之时，这里是智利最重要的海港之一。即便到了现在，其独特的地理位置使它同样充当着赴南极科考船队的重要补给点，多数前往南极的冒险者也会选择从这里出发。

[蓬塔阿雷纳斯]

蓬塔阿雷纳斯是地球上离中国最远的城市，也是南美洲大陆最南端的城市，同时又是距离南极最近的城市。

蓬塔阿雷纳斯因为地处高纬地区，因此终年寒冷，降雪量十分大。像许多高纬度国家一样，智利越往南走，人烟也就越稀少，但这也让这里的自然风光更加纯粹。在蓬塔阿雷纳斯，白雪堆积的雪山、手工搭建的小木屋、蔚蓝通透的海面，还有随处可见的绿树红花，一起构成了一幅美丽得如静止一般的画面，只有当船只驶来或是海鸥飞来时，才会让人感觉到时间的流动。

绵延起伏的安第斯山脉让蓬塔阿雷纳斯独占了无数的崇山峻岭，各种各样的动物在草地上懒散地踱步，可爱的驼鹿，栗色的羊驼，还有狡黠的狐狸，它们和平共处，丝毫不在乎背后高大的、形似日本富士山的智利雪山，整个画面充满了宁静致远，与世无争的即视感。

根据联合国教科文组织公布的标准，蓬塔阿雷纳斯市凭借其优美的自然环境、丰富的历史文化遗产和壮美的麦哲伦海峡跻身“世界最美丽海湾俱乐部”成员。2007年与哈尔滨市结为友好城市。

[阿雷纳斯公墓]

在绿树掩映中的公墓让人感到的只有宁静、祥和，绝无一丝孤寂和悲凉，同时，公墓内造型各异的墓碑如一件件精美的艺术品，给公墓增添了不少艺术气息，让其摆脱了传统公墓的恐怖和阴森之感，增添了雅致和谐之意。

据说，蓬塔阿雷纳斯名称的由来与英国探险家约翰·拜伦密切相关。但直到1843年智利政府才建立了第一个定居点，并根据西班牙语将城市命名为蓬塔阿雷纳斯。在1970年前，这里的屋顶大多被漆成红色，因此也被人们称作“红屋顶之城”。

蓬塔阿雷纳斯是南美洲的商业、服务、交通和文化中心，除此之外，这里还拥有世界上十大美丽墓地之一的阿雷纳斯公墓。

一提到墓地，许多人眼前浮现的都是一幕幕充满阴森感的场景，用“美丽”来形容墓地确实有些违和。尽管不合逻辑，但世界上确实存在着一些美丽的公墓，而且坊间还将它们编辑成册，取名世界十大最美丽公墓。而智利的阿雷纳斯公墓就是其中之一。阿雷纳斯公墓坐落于阿雷纳斯市的北部，它始建于1894年，占地面积4公顷，这是一座市政公墓，埋葬着当时的名门望族。这些公墓的美丽大都体现在设计风格、所处优越的地理位置以及优雅的环境上。

19世纪中叶，偏居一隅的蓬塔阿雷纳斯是智利流放犯人和不轨军人的场所，随着城市的发展，这里逐渐变成了移民的定居地，1877年，这里发生了名震一时的“阿蒂莱里门”，在这场屠杀中，许多建筑被毁坏，大量市民被杀害，只有当地的富人生存下来，这些富人死后，便被埋葬在了这里。

从这里开始，人们便要告别城市，真正进入无人区，进入广袤的南极。

[帕伊乃塔国家公园]

在公园内，拥有全世界最为知名的漂流路线，这是一条横亘在公园内的落差十分大的河流，这里波涛汹涌，十分凶险，如果你是一个勇敢的冒险者，可以在冰雪还未完全消融之时，乘着筏子在这片河流中随意穿梭，这就是勇敢者的游戏。

极地漂流的最佳线路

帕伊乃塔国家公园

帕伊乃塔国家公园位于智利南部，在智利的众多国家公园中，帕伊乃塔被誉为最适合极地漂流的地方，这里有智利最为丰富的动物群种以及美丽的湖泊、湿地和冰川，让许多来此的游客念念不忘。

帕伊乃塔国家公园又名托雷德裴恩国家公园，它位于智利与阿根廷交界的一个高原之上，它范围十分广阔，从奥科罗拉多一直延伸到麦哲伦海峡，从安第斯山脉一直延伸到大西洋，整个区域内，绿树和冰川交相辉映，湖泊和山峰互相衬托。这里拥有智利最为丰富的动物群种，数百种野生动物在这里共同生活——秃鹰、原驼甚至是美洲狮，人们可以看到动物们和谐共处的美妙场景。虽然比不上百内国家公园的秀丽，也没有巴塔哥尼亚冰原的震撼人心，但这里凭借漂流以及古老的岩石层独树一帜。

所在地：智利
特　点：动物群种丰富、极地漂流、古老的塔及岩石和花岗岩牛角
…

在这个生物圈世界保留地里可以看到巨大的塔及岩石和花岗岩的牛角，这些石头历史悠久，记录着时间的痕迹，除了供游客观赏外，这些石头也具有极其重要的考古学价值，而正是这些看似不起眼的石头使得这个国家公园世界闻名。

除了漂流以外，人们还可以开车或者骑马来享受这里独特而优美的极地景色——湖泊、湿地还有大群的动物，这些都会让人毕生难忘。

海上坟场

合恩角

合恩角位于智利南部，在南极大陆未被发现时，一直被误认为是世界的最南端。这里潮湿阴冷、冰山遍布，海水终年汹涌澎湃，风暴频繁，翻起无数惊天巨浪。历史上曾有无数船葬身此地，因此被人们称为海上坟场。

所在地：智利

特　点：世界上最危险的航道，被称为航海界的珠穆朗玛峰

合恩角位于美洲大陆最南端，是太平洋与大西洋的交汇处。合恩角隔德雷克海峡与南极相望，因为这里与南极洲极为接近，因此被称为次南极疆域。由于受到智利大陆的挤压，这里强风不断、气候阴冷，多雾，因此也被称为世界上海况最恶劣的航道。1578 年航海家德雷克首先到达这里，1616 年荷兰著名航海家斯豪滕在寻找连接大西洋和太平洋的其他路径时发现了它，并用他的出生地命名了这里。

在冒险家的圈子里，合恩角是全球最惊心动魄的五大危险之旅之一，要想穿越整个合恩角，大约要在平均风速每小时 40 ～ 50 千米的区域中航行 100 多海里，并且时常要和数十米高的海浪抗衡。有人曾说，合恩角就是航海界的“珠穆朗玛峰”，但这种说法其实并不恰当，因为在历史上，成功穿过合恩角的人，比征服珠穆朗玛峰的人更少，更多的人在这条让他们心潮澎湃的航道上殒命，所以说，这里虽然是所有水手心中的圣地，但并不是每个人都敢轻易尝试。

[合恩角]

合恩角是智利南部合恩岛上的陡峭岬角，捕鲸活动曾是这一带的重要事业。

在 1914 年巴拿马运河通航以前，这里是大西洋与太平洋之间航行的必经之路。随着巴拿马运河的开通，环境恶劣的合恩角越来越不受来往商船的“待见”，这也为帆船比赛提供了足够的场地，加之危险系数极大，随着越来越多的国际帆船挑战赛的举行，越来越多的人

[合恩角灯塔]

开始去挑战合恩角，许多高级别的航海挑战赛似乎就像是为了征服合恩角而存在的，在比赛中，人们往往只关注三个话题：起航、收尾和合恩角。

如果有水手成功绕过合恩角，他们会举办专门的庆典，一般来说，他们在举杯庆贺之前，会先将一杯酒倒入海中，以祭奠那些葬身大海的水手以及传说中的海神。而成功驶过合恩角的水手则有权利在耳朵上带一只象征着荣耀的环形金耳环，戴在哪只耳朵上则取决于驶过合恩角时哪只耳朵靠合恩角更近一点。

因为合恩角离南极洲很近，因此捕鲸活动曾一度是这一带的重要事业。这里拥有数千常住居民，他们的房屋建在冰碛石的山坡上，为了避免冬天堆雪，房子采取了斜顶式的设计，在这里，随处可见用鲸肋骨做成的“栅栏”，一些人家还有用鲸椎骨做的板凳。在梅尔维尔的著名小说《白鲸》中，就曾记载了18岁的主人公麦尔维尔乘上帆船前往合恩角征服大海和白鲸的故事，而合恩角也随着该书世界闻名。

在合恩角上，有一座灯塔，它建于1991年，是一座圆柱形的钢塔，塔高11米，灯高61.5米。这是合恩角的最高点，也是全球大陆架最南端的灯塔，被旅行者称为世界尽头灯塔。

合恩角充满了神秘色彩，那艰险、刺激，就像来自另外一个世界一般，那些灯塔后的惊涛骇浪，吸引着一代代的水手前去探险。

真假合恩角：距合恩角西北56千米的奥斯特（Hoste）岛有一个突出的岬角叫“假合恩角”（False Cape Horn），从太平洋要绕合恩角进入大西洋时，在暴风侵袭低能见度的情况下，船长很容易误把假合恩角当成真合恩角而提早转向北方，认错地标的后果将是一片岛屿礁石横在眼前，在强烈的西风吹袭下，帆船想要立刻掉头简直不可能，只有眼睁睁的看着船往礁石上撞去。

因为此处是全世界海况最恶劣的航道，流传在水手圈的古老习俗：任何驾驶帆船航行通过合恩角的水手，都有资格在左耳刺上蓝色的五角星以表荣耀，而操帆通过合恩角五次的人，则可以在右耳刺上蓝色五角星，如果通过合恩角十次，就可以在额头上刺上两枚红色五角星。

英国利物浦港的酒馆，都会以喝酒免费来招待这些额头上有红色星星的伟大水手。

你看到的世界是蓝色的

百内国家公园

在智利，百内国家公园是不容错过的徒步天堂，它拥有蓝色的山、蓝色的湖、绵延千里的冰川以及直耸入云的花岗岩山峰，这些只有在神话中才能看到的壮观景象一定会让你拍手称赞。

所在地：智利
特　点：羊驼的故乡、徒步者的天堂
…

百内国家公园位于阿根廷南部和智利交界处的巴塔哥尼亚高原上，“蜗居”于安第斯山脉的南端，在当地已经消亡的印第安语中，百内是蓝色的意思，百内国家公园的全称 Torres del Paine 则译作蓝色的众峰，百内国家公园虽被戴了“公园”的帽子，但它其实是巴塔哥尼亚高原上的一片原始自然景区。这个面积约 2400 平方千米的自然保护区成立于 1959 年，1978 年它被联合国授予“世界生物圈保护区”的称号，它还曾被《美国国家地理》杂志评选为人生必去的 50 个目的地之一，随后，它又被《孤单星球》等杂志授予了诸如“全球最佳攀登地”等头衔与荣耀，这些荣耀，也吸引了无数的旅行者前来“朝圣”。

[百内国家公园雪山]

关于这片高原，有一个这样的传说，据说在16世纪60年代，著名航海家麦哲伦在这里登陆，登陆时，随行的船员在岸上发现了许多巨大的脚印，于是，出身于骑士家族的麦哲伦就用骑士小说中的大脚怪 Patagon 命名了这里。

蓝色的冰雪世界

当然，百内国家公园从来就没有辜负过旅行者对这里的期待，这里的美，是一种蓝色的美，这种蓝色，盛放在花草中，倒映在湖泊中，奔腾在急湍中，融化于冰川中，最后流入旅行者的眼里心里。百内国家公园的山与水，都得益于巴塔哥尼亚高原，这里的山峰，与我国桂林的山峰有着异曲同工之妙，它们同样翠绿到了极致，如果一定要挑出不同，那就只能说这里的山让人有一种偏蓝的错觉。是的，这只是人们的错觉，而这错觉则来源于这里大大小小的数千个冰川湖，在众多的湖泊中，最蓝最美的当数贝奥艾湖，这种纯属于自然界的蓝色，不管用多少种颜色也合成不了。在百内国家公园，最为

[羊驼]

百内公园也是南美洲著名的自然生态保护区。当地最常见的野生动物"Guanaco"是一种栗色羊驼，它们与其他羊驼不同，并不怕人。

壮观的当数这里的冰川，安第斯山脉和百内山系之间的冰川带是目前世界上仅存的几处最大的冰川之一，这里冰川甚多，十分宏伟，陡峭的悬崖峭壁，闪闪发亮的雪山，看起来像一副积着雪的牛角。蓝的天，蓝的湖，蓝的山峰，蓝的冰川，这无处不在的蓝，如梦如幻，让人陶醉。

羊驼性情温驯，伶俐而通人性，除野生种外，还有相当数量的驯良种，被印第安人广泛地用作驮役工具，适于圈养，是南美洲重要的畜类之一。

关于羊驼的传说

除了丰富的冰川资源和美丽的山川湖泊外，这里还吸引了无数的珍稀动物在这里繁衍生息，这些动物包括长尾小鹦鹉和火烈鸟等 100 余种鸟类，以及美洲豹、马驼鹿、美洲鸵鸟、灰狐等世界濒危动物，当然，这里最招人喜爱的，还是拥有栗色毛发的羊驼。这些羊驼憨态可掬，十分可人，受到了许多旅游者的喜爱，这些野生

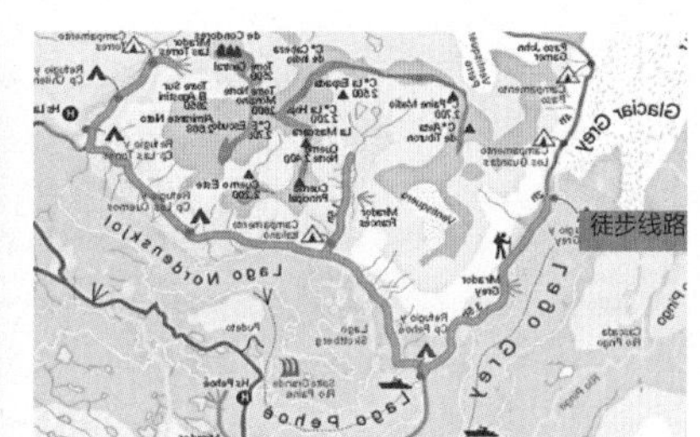

[徒步欣赏百内公园]

图示橙色线路即为 W 徒步线路，顺时针或逆时针出发均可。如顺时针出发，沿途将先后欣赏百内三塔、诺登斯奇奥湖、裴欧埃湖、角峰、法国谷、格雷湖和格雷冰川等景点，其中百内三塔的日出和静谧的法国谷是两大 highlights。虽说顺时针行进是抵达百内公园后最便捷的徒步线路，但为保证在三塔欣赏日照金山，如果抵达公园时天气不好，建议乘公共交通工具抵达格雷冰川营地，逆时针行进。

在当地曾有这样一个传言，当地山神的女儿爱上了一个凡俗的年轻人，在女儿的坚持下，山神最终答应了婚事，并送了一群天国的神兽羊驼作为礼物，但同时，它也要求年轻人必须没日没夜把当中最珍贵的一只羊驼幼崽“依拉”捧在手上，于是，小两口按照着山神的嘱托，幸福地生活着，然而，某天年轻人一时大意，把珍贵的羊驼放到了地上，就在羊驼落地的一瞬间，它的妻子和羊驼都飞了起来，向天国大门飞去，年轻人用尽全力，也只拽住了最后的几只羊驼，仙女和其他羊驼却再也找不到了。

羊驼据说是南美羊驼的祖先，据文献记载显示，南美人在6000年前就开始驯化野生羊驼，而这种羊驼则保持着最初的面貌，在当地也流传着许多关于羊驼的传说。

徒步者的天堂

在这里，十分适合于徒步。不知是当地政府过于傲娇还是为了保持最原始的风貌，在这里，偌大的高原，不管是平坦还是险峻，都找不到一条能被称之为“路”的东西，很多路段，人们必须要靠树干上的标记指引才不致迷路。而这种刻意，也让许多探险者、徒步者找到了乐趣，于是，这里也就成为了世界著名的户外运动圣地。在徒步的过程中，特殊的纬度及海拔会让你在一天中体验到四季——时而阴雨连绵，时而晴空万里。

在徒步中，你能感受到伙伴们的呵护与问候，所有徒步中的温暖大概都是这样吧，所不同的只是：在川藏，你听到的是“扎西德勒”，而在这里，你听到的则是“Namaste”。如果你喜欢极地冒险，请到这里来，这里有奇绝伟岸的冰川地貌，有充满原始韵味的自然风光。如果你喜欢徒步，请到这里来，这里的风景随着小路一起蜿蜒，这里的旅途充满了意外惊喜。

Alaska polar spectacle

2 阿拉斯加极地奇观

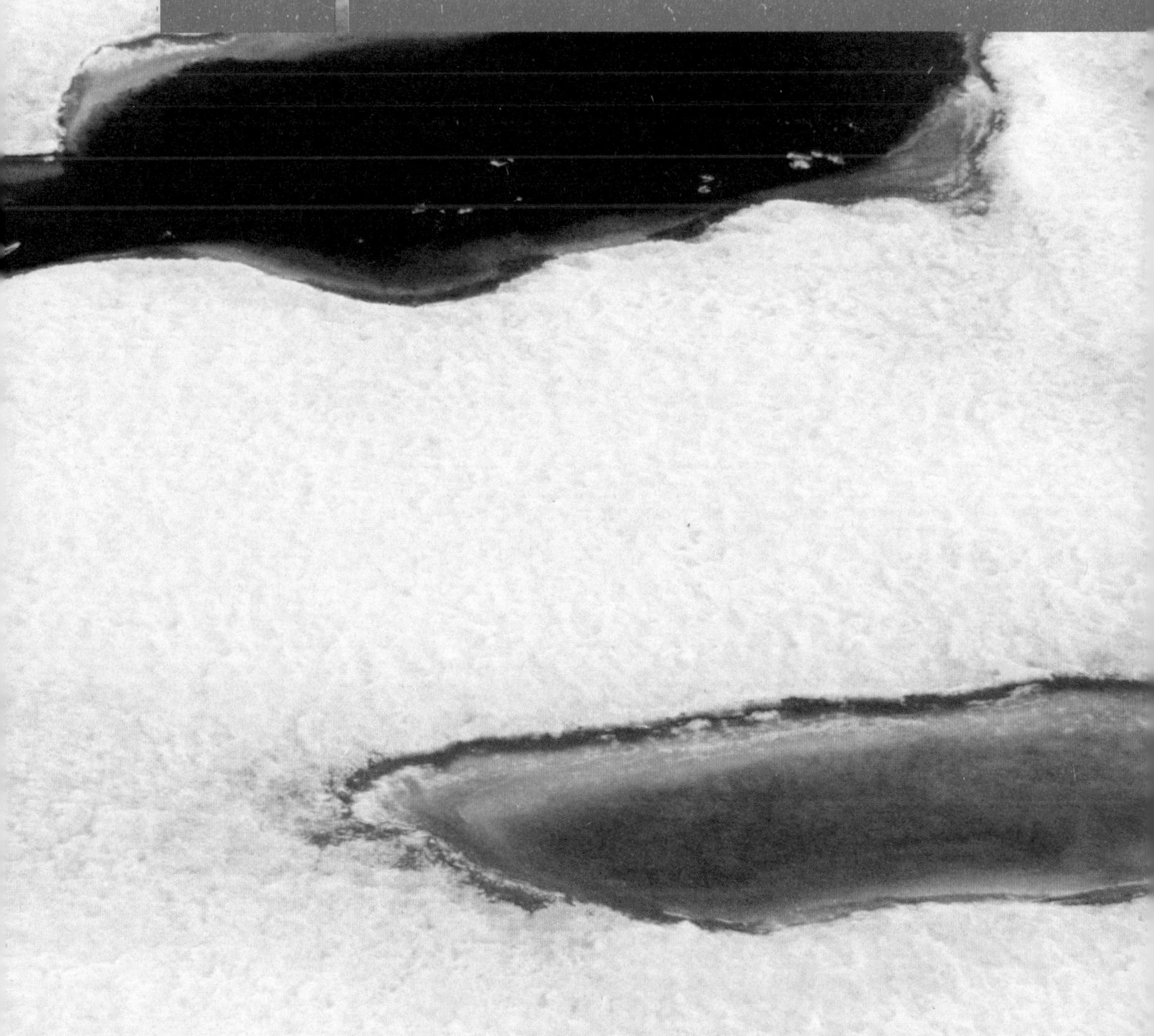

冰雪雕琢的公园

冰川湾国家公园

这是大自然周而复始时的最初形态，封存了千万年的雪花，慢慢地堆积在一起变成了冰川，在重力的作用下，冰川的分崩离析，释放成了冰块，最终回归大海。这一切的因果循环，在这片冰天雪地中日日夜夜上演，不管光阴，不顾岁月，依旧周而复始地变迁。

所在地：阿拉斯加
特　点：蓝色的冰川、斑海豹的聚集地
…

阿拉斯加州的别称是“最后的边疆”（The Last Frontier），距离俄罗斯（3.9千米）比距离美国大陆48个州（800千米）近得多。阿拉斯加州辽阔壮美，有17个国家公园，雄峰耸立，湖泊清澈，世界上一半的冰川聚集在这里。

大自然最伟大的奇观

冰川湾国家公园位于美国阿拉斯加州北部，那里有无数的冰川、各类珍稀鲸鱼以及穿着大袄子、划皮划艇的爱斯基摩人。冰川湾形成于4000年前的小冰河时期，随着岁月的变迁，这些冰河不断地累加，在18世纪中叶，冰川达到了鼎盛，然而在如今，全球气温开始变暖，冰川也随之开始融化后退。这一片无垠无际的冰河，就是冰川融化后的结晶，它是阿拉斯加州东南方最生动、最震撼的景色，曾被评为大自然最伟大的奇观。

当你近距离观察这冰河景色时，一定会由衷地赞叹自然造化的神奇。由冰崖崩裂下来的冰块流成的冰河，点缀在冰川湾上，在天气好的时候受到阳光的照拂，便构成了海上晶莹剔透的冰雕， 每当冰雕崩裂的时候，冰

[冰河湾 国家公园]

川幽蓝色的“创口”就会被暴露出来，那种神秘的蓝色，让人为之着迷。

冰河存在于极寒地区，而阿拉斯加州冰川湾国家公园中冰河的形成，是因为积雪速度超过融雪速度所致。在自然界，存在着一种温度垂直变化规律，那就是海拔每上升 100 米，温度就会下降 0.6℃，而当温度降至 0℃时，只要有足够的湿度，这片地区就会开始下雪，在下雪的地方，会形成一条被称为雪线的线。当冬天来临的时候，温度开始降低，雪线以上的地区开始积雪；而春天来临时，积雪又融化成了雪水。然而，如果雪还未来得及融化成雪水，温度便又开始降低，冰就会堆叠在一起，最终形成冰川。当冰累积到一定的厚度时，由于地心引力的作用，冰开始顺山下滑，最终形成了冰河。

蓝色的谬尔冰川

这里的冰川与其他地区的冰川有着不一样的特点，由于冰川中含有空气以及其他杂质，因此光线的折射会

整个冰河湾国家公园包含了 18 处冰河、12 处海岸冰河地形，包括沿着阿拉斯加湾和利陶亚海湾的公园西缘。几个位置遥远，且罕有观光客参观的冰河，都属于冰河湾国家公园所有。

摄于 19 世纪 90 年代

摄于 2005 年

[NASA 公布的谬尔冰川变化情况]

美国国家航空航天局，简称 NASA，是美国联邦政府的一个行政性科研机构，负责制定、实施美国的民用太空计划与开展航空科学、太空科学的研究 。

发生改变。分布在水中浅层的冰块，可以折射光线中的蓝色和绿色光线，在冰河较深层的冰块，则会呈现蓝色的光泽。于是，冰河中呈现出一片耀眼的蓝色，到冰河融化的季节，湖泊的色彩会因水中的冰块增加而更加光彩夺目。

谬尔冰川是冰川湾里十分著名的一道风景，它位于冰河湾北端突出的地方，它是为了纪念科学家谬尔而得名的。早在1794年，就有开拓者来到了这片地区，只是由于气候过低，这里还没有形成冰川湾；1879年，美国环保先驱约翰·谬尔来到这里，此时冰川已经向陆地回缩了77千米，而这里也形成了一个广阔的海湾。见到如此壮观的冰川时，谬尔十分痴迷，他在笔记中写下了这样一段话“翼状的云层环绕群峰，阳光透过云层边缘，洒落在峡湾碧水和广阔的冰原……非凡美丽的山峰上似有红色火焰在燃烧……那五彩斑斓的万道霞光渐渐消退，变成了淡淡的黄色与浅白。”随后，他始终关注着这片冰川，并不断对冰川湾进行了考察，成为历史上第一个对冰川湾进行研究的人。

冰河湾真正为世人所识却是在1879年，自然学家约翰·谬尔（John Muir）发现了阿拉斯加这处难得的奇景，并对冰河湾作过这样的描述：“像一幅覆盖着无边无际的冰画，画里面的冰，有股难以言喻的纯净和壮丽！”

如今，随着全球气候的变暖，冰川后退速度不断增加，曾经的谬尔冰川，如今已经整整后退了8千米。而在冰川最早撤离的地方，现在已经变成一片森林，充沛的降水让这片森林长得生机勃勃。越往北部，冰川地形也就越显著，植被则越来越稀疏。而在过渡的地段，则是冰川湾。

动物的乐园

冰川消退后的冰川湾是动物们的乐园，在这里，形成了一个完整的生态系统。从微型的海藻到大型的鲱鱼、鲑鱼都应有尽有，这些海藻为虾类提供了足够的食物，而虾类又变成了海洋中鱼类最喜欢的食物。每当冬季过去，鲑鱼和鲱鱼就会成群结队洄游到冰川湾来这里产卵。

除了鱼虾外，在谬尔冰川还栖息着一种海豹，这种海豹名为斑海豹，它们喜欢栖息在小型的冰山上。每年六月，成千上万只斑海豹来到冰川湾西部进行繁衍生息。斑海豹大多皮糙肉厚，还长着一层厚厚的脂肪，这层脂肪可以防寒和储备能量。

乘着小船、裹着毛毯人们，看着在阳光照耀下蔚蓝色的巨大冰川，听着冰川崩析时发出轰隆响声，再把目光转向海河，这种对大自然周而复始变迁的见证，让每个旅行者都会感觉到畅快淋漓。

[冰河湾国家公园内的动物]

斑海豹的头圆而平滑，眼大，吻短而宽，唇部触口须长而硬，呈念珠状，感觉灵敏，是它觅食的武器之一。

[熊湖]

这里最为著名的，除了贝尔湖水怪外，还有瑰丽烂漫的极光，许多旅行者都因慕名古老谚语“看见极光就会幸福一辈子”而将此地作为蜜月度假的胜地。当夜幕降临之际，躲在小木屋里面喝着热饮取暖，等待北极光的出现，这种浪漫让许多人心向往之。

极光风光壮硕辽阔

熊湖

当闪耀着绿、橙、紫色的光芒在夜空中呈现出各种绚丽的图案，当奔驰的光束在天际肆意蹿腾，当那覆盖的皑皑白雪的大地倒映着五彩斑斓的色彩，你将会被这如梦如幻的画面所吸引，这就是熊湖的极光，是大自然赐予我们的最奇妙的色彩。

所在地：阿拉斯加

特　点：贝尔湖水怪的传说，欣赏美丽的极光

熊湖又名贝尔湖，它位于美国犹他州东北角和爱达荷州东南角，是一个跨越美国两个州的湖泊，它以形似熊掌而得名，这里长 32 千米，宽 12.8 千米，水深 63 米，在熊湖边有大片金黄色的沙滩，所以熊湖又被旅行者们称作美国西部的加勒比海。

在穿过云层的阳光照射和白雪的映衬下，熊湖就像一块晶莹剔透的玉石，它镶嵌在群山之中，波光粼粼，十分耀眼，这里的湖水蓝得十分透彻，湖边的芦苇在阳光下金光闪闪，高大灌树丛，山坡上伫立着的绿顶红墙，在蓝天的衬托下像是一幅美好的油画。

这里有一个关于贝尔湖水怪的传说，1868 年，这种水怪首先被媒体爆出，据传，此种生物类似于鳄鱼，它们身长 12 米左右，有四只粗短的腿和长长的类似于鳄鱼的头，常常爬上岸来。有人认为这种水生动物是一种海象的变种，也有人认为它可能是一种古代陆地行走鲸的后代。

极光只发生在 80 千米以上的高空，与产生于低空的云层完全不同，因此只有出现繁星点点的晴朗夜空才看得到极光。在幽黑星空背景下，像一条大布幔般的极光可从远方快速逼近，通过头顶上方再消失于地平线的另一侧；也可能在你前方上演，变化万千的造型秀，令人目不暇接；甚至有人说在极光发生期间，可以听到伴随产生的声音，若真如此，那绝对是自然界最美丽的声光大秀。

童话里的列车

极地列车

在迪士尼的经典动画《极地特快》中，男主人公搭乘梦想中的北极特快列车，穿越冰雪覆盖的崇山峻岭最终到达了梦想中的圣诞老人小镇。每个人心中都有一辆这样的火车，它也许有满仓的糖果抑或是玩具，它金光闪闪，十分好看，我们乘着它去到了梦想中的地方。

其实，在《极地特快》中，男主人公所乘坐的这辆列车并非杜撰，在美国的阿拉斯加州，有一辆这样的列车，它从阿拉斯加最大的城市安克雷奇出发，开往一年中平均有 200 天可以看到极光的第二大城市费尔班克斯，这辆列车全程约为 3 个小时。这辆列车就是迪纳利之星列车，它是“极地特快”的原型。

这趟列车拥有舒适的坐椅和宽大的车窗，就像是一个移动的观景平台，为了让旅客能够尽情地拍摄沿途的美景，列车会在行驶过程中减速甚至停车。这辆列车拥有深蓝色的夹杂着明黄色的侧线条的车身，与电影中那辆列车极为相似，在当地时间的早上八点，它就会在金色的晨曦中向北驶去。这也许会是第一次，它超脱了交通工具的范畴，让人觉得已经踏上了一次观光旅行。在列车行驶的过程中，人们会看到成群的麋鹿跟山羊，它

所在地：阿拉斯加

特　点：迪斯尼动画片中列车的原型，经过了阿拉斯加最美的风景

[极地特快剧照]

圣诞老人真的存在吗？当玩伴和家人坚持他只是虚构的，任何儿童都会产生怀疑。但是，一个小男孩的坚持终于获得了回报。圣诞前夕，他在恍惚中睡着，忽然地板开始颤抖，桌上的器皿哗哗作响，随着汽笛声呜呜长鸣，一列神秘的火车停在门前，他紧张地打开房门，看见一个和蔼的列车长，列车长邀请他乘车旅行，前往北极参加圣诞庆典。

[极地特快海报]

们悠闲地停驻在草甸上，构成了一幅和谐的图画。若幸运赶上晴天，还有机会从不同的角度观看壮美的北美第一高峰——麦金利山。麦金利山位于美国阿拉斯加州的中南部，在印第安语中麦金利山的意思为太阳之家，在火车经过全程最高点海拔 700 米的阿拉斯加山脉时，一切都变成了白色，犹如一个银雕玉砌的世界，风光让人赞叹不绝。一路向北，沿途风光变化多样。再往上，就会看到阿拉斯加州最迷人的极光，炫目的色彩，让旅行者感到怡然自得。列车独特的全景式车厢设计，能让每个游客 180° 的欣赏阿拉斯加的原始风光。

极地列车由阿拉斯加最大城市安克雷奇（Anchorage）开往北部极光小镇费尔班克斯（Fairbanks），全程用时约 3 个小时，带领游客穿越阿拉斯加的众多风景区，游客不仅能看到山水相间的绝美景色，还能有幸目睹北美第一峰麦金利山（Mt McKinley）的风采。

难怪有人说阿拉斯加每一条路都是观景大道。驰骋于阿拉斯加铁轨上的迪纳利之星每天载着无数人来到美洲的最北部，这绵延数百千米铁路网络将各个国家连接在一起。目前，整个美国的铁路系统也已经从单纯的交通工具转型为观光旅行服务，极慢的速度，让旅行者有足够的时间去欣赏沿途的美景。而其中一些经典的特定火车线路已经与“怀旧、美丽和特色”等词汇联系在一起。

背上行囊，出发吧，乘着铁路一路向北，和列车一起去追逐极光，这里的美景，一定会让人毕生难忘。

[迪纳利之星号途经迪纳利国家公园]

迪纳利国家公园（Denali National Park）建于 1917 年 2 月 26 日，为了保护园内的生态免于遭到人类的破坏，私人车辆不得入内，要进园内参观，一律乘坐园内的定时、定点的绿色旅游车。

[卡特迈国家公园火山口]

该火山口是在 1912 年诺火山喷发形成的火山口，在其表面高度达到 1286 米的最大高度湖旁的小冰川。

熊出没！注意

卡特迈国家公园

在阿拉斯加，有许多必看的奇景，除了深夜极光外，棕熊猎鱼也是其中之一，当看到无数只棕熊在一池河水中亲自捕鱼时，你是否会被这神奇的景象所震惊呢？在卡特迈国家公园，就能看到这样的壮观景象。

所在地：阿拉斯加

特　点：喷涌热水的温泉、棕熊猎鱼的奇妙场景
…

烟雾缭绕的万烟谷

卡特迈国家公园位于美国阿拉斯加的西南部，它建立于 1910 年，以园区内的卡特迈活火山命名。因为从陆地上无法到达，因此，许多去阿拉斯加旅游的游客第一时间都不会想到这里。但如果熟悉阿拉斯加的人，就一定会知道卡特迈国家公园是阿拉斯加不可错过的景点。

在卡特迈国家公园内，有 14 座活火山，1912 年，当地一座名为 Novarupta 的活火山的爆发，形成了这里的著名景点——万烟谷。据称，卡特迈国家公园最初成立的目的，就是为了保护这一个因火山爆发而形成的胜

[卡特迈国家公园]
那场改变了卡特迈国家公园地貌的大灾难发生于 1912 年，数千吨的火山灰涌向 9000 米的高空，使得数百千米内暗无天日。全球温度连续数周降低，同时还带来了大范围的酸雨。人们相信没有人亲眼目睹这次喷发，因为它发生在荒无人烟的地区。但这一重大事件占据了当时美国各大报纸的头条，也引发了人们对该地区的强烈兴趣。

地。万烟谷其实是在地震及火山爆发的共同影响下，在火山周围24平方千米的范围内出现了数万个蒸气气孔，在这些气孔中，每年都会喷出温度高达 97° 的蒸汽及热水，这也因此形成了烟雾缭绕的奇观。只是，可惜的是，如今万烟谷的烟雾已经全部被吸干，但每天还是会吸引近千人来到这里，而吸引他们来到这里的，则是这里的新的代言人——棕熊。

每年 7 月，鲑鱼集结溯流而上产卵，9 月产完卵的鲑鱼回归大海，这两段时间里正是棕熊储备冬季脂肪的季节，它们大量聚集在溪边捕食鲑鱼，坚守着生物链上的职责，维护自然界的平衡。

[棕熊捕鱼]
万烟谷构成了卡特迈国家公园的核心景观，它还是著名的阿拉斯加棕熊的聚集地（一次可以看到多达 60 头棕熊），它们每个夏季都聚集在布鲁克斯瀑布口，尽情享用从大海回游的鲑鱼。

棕熊——卡特迈国家公园的代言人

卡特迈国家公园除了原始无破坏的自然风光外，它也是地球上棕熊数量最多的地方，这里生活着 4000 ～ 6000 头棕熊，因此它也是全球最大的棕熊保护区，许多关于棕熊的纪录片都是在这个地方拍摄，那么，到底是什么吸引了如此之多的棕熊呢？

这些吸引“熊出没”的，其实是每年从海里游回淡水的鲑鱼。在卡特迈国家公园有一条河，每年的 6 月底到 7 月底有几十万条鲑鱼会从这条河迴游到附近的布鲁克斯瀑布，而在这条河中，它们需要跳上 4 ～ 5 米高的台阶，迴游到自己的出生地，并把自己的后代生在

1912 年的火山喷发，科学家估计喷发物的总量超过了 29 立方千米——这是 1883 年印尼喀拉喀托火山喷发量的两倍。附近的河谷都被埋在了 213 米深的灰石下。这次喷发的强度估计是 1980 年华盛顿州圣海伦火山的 10 倍。

同一个地方。每年夏天洄游产卵的鲑鱼，吸引了来自北美棕熊们聚集河边，它们奋力把迴游的鲑鱼堵死，以换一顿饱餐。当在动物园看到笨拙的棕熊把驯兽师丢过来的鱼塞进口中时，你可能不以为奇，但当看到上千头棕熊一起捕鱼时，你一定会惊讶于这壮观的景色。卡特迈国家公园自古以来就是当地的自然保护区，自从棕熊开始在这一带出没之后，为了让棕熊每年都来此，这里更加注重原生态的建设，因此，整个公园环境较为开阔荒凉，阴冷，让许多游客在这里都不禁感觉到阵阵凉意。

由于棕熊的数量越来越多，因此，旅客与棕熊打交道的机会也就越来越多。走在路上，你可能会发现一只庞大的棕熊迎面走来，这让许多人十分害怕。于是，当地政府在附近建造了一座小木屋，每个来此看熊的游客首先需要在小木屋中接受“熊安全”教育。这里的负责人会告诉你，这里是熊的领地，你需要尽量和熊保持 50 米以上的距离，如果有熊主动冲到你的面前，这时你一定不要忙着拍照，先主动和它们微笑打招呼，接着慢慢给大熊让路，由于未经驯化，所以这里的熊还是有一定的危险性，但只要遵守这些规则，你就能和熊“和平共处”了。在过去的 60 多年里，只有过两次小小的意外，都是因为互相追逐的熊撞伤人。

灰熊人的故事

关于卡特迈国家公园，还流传着许许多多的故事，其中最为出名的是动物保护主义者提摩西・崔德威传奇的一生，他的故事最后被导演沃纳・赫尔佐格拍成了电影《灰熊人》，于 2005 年在美国上映。提摩西・崔德威是一位资深的棕熊保护主义者，他向外自称为灰熊人。到了每年阿拉斯加的夏季，提摩西・崔德威就会来到灰熊中间研究它们的生活，这种与棕熊朝夕相处的日子一直持续了 13 年，最后留存下来的关于熊的录像资料长达 100 多小时。许多人都因为他做的一切逐渐了解了真正的灰熊。2003 年 10 月，提摩西与他的女友阿米・哈格纳德的尸体在阿拉斯加野生动物保护公园里被发现，据调查，他们是被一只灰熊重击撕咬而死的，最后他们的这段生活被拍成了纪录片。

[《灰熊人》]

在这部让人灵魂激荡的纪录片中，讲述了野生动物保护主义者蒂莫西・崔德威尔对熊的生死恋歌，在崔德威尔的有生之年里，共有 13 年丝毫不设防备的同灰熊生活在一起，影片记录了他最后 5 年的惊险经历。

除了万烟谷和棕熊外，卡特迈公园内还有许多极具考古学价值的遗迹，据记载，这片地区早在史前时代就有人居住的纪录，这些人可以算得上是住在世界最北处的古人类。

比黄石公园更壮美的国家公园

德纳利国家公园

在阿拉斯加，除了乘着极地列车去追赶极光以及去冰河湾看史前冰川外，德纳利国家公园也是这里不容错过的美景。

所在地：阿拉斯加

特　点：近距离观看北美最高峰、欣赏北极光

北美第一峰

德纳利国家公园位于阿拉斯加中南部的最北端，与内陆地区接壤。相比于美国最为著名的黄石公园，德纳里国家公园显得更为壮阔，6200米的北美第一峰麦金利山，生活着各种珍稀动物的野生动物园，还有阴郁的森林、宽广的平原、色彩明亮的山峰以及纯花岗岩的坡面，这些都是大自然的馈赠。

德纳利国家公园被称为世界上最美的十大国家公园之一，同时还是世界上最大的生态保护区，园区内保留了原始的高山、冰河、森林等，蕴藏了众多极地的特殊植物和野生动物，环境保护做得十分彻底。德纳利国家公园建立于1917年，最初面积仅有8000多平方千米，在无数环保人士多年的不懈努力下，1980年，美国国会议案终于通过议案，将德纳利国家公园扩充到了现在的24584.4平方千米。这里拥有海拔高达6194米的麦金利山，其中德纳里峰是北美的最高峰，每年夏季都会有无数的游客前来造访，人们可以乘坐小型飞机，鸟瞰这传说中的北美第一峰，还可以选择在麦金利山峰降落，近距离接触这片纯白的雪原。

[麦金利山]

德纳利或麦金利山一度被视为全球最冷的山脉，这里冬季气温会降到零下40度左右。

麦金利山的顶峰虽然只有6194米，比世界之巅珠穆朗玛峰低了2000多米，但因为山根的海拔很低，因此，它最高点与最低点之间的落差比珠穆朗玛峰高了整整1800米。面对珠穆朗玛峰和面对麦金利山时人们会体会到完全不一样的感觉：如果说低氧和寒冷的珠穆朗玛峰会让人觉得悲壮，那么在蓝天白云衬托下的麦金利山就是让人感觉到宏伟，这里就像是一条瞬间凝固的波涛大河，万丈的绝壁，无尽的冰原，那种壮阔豪迈之感，一定会在人们的心中油然而生。

[德纳利公园内警告牌]

野生动植物王国

除了拥有北美第一峰麦金利山，德纳利公园还是野生动植物的王国。由于地形高低起伏，因此，这里吸引了无数的动物前来安家落户。在公园内可以看到600多种野生植物和难以计数的苔藓、地衣和菌类，那些从未见过的珍稀植物，构成了一幅色彩鲜艳的油画，让人大开眼界。除此之外，这里的野生动物资源，也是美国其他地区无法比拟的。这里拥有众多的野生动物，如熊、麋鹿、驯鹿、羊、松鼠、山猫等各种各样的动物以及数之不尽的鸟类。人们可以搭乘园区内提供的班车，与驯鹿、棕熊为伴，深入到公园内部去探访野生动物的踪迹。

德纳里公园是唯一一个在冬季用狗拉爬犁运输给养的地方。为了减少对公园内野生动物的影响，他们不用飞机、雪地摩托车这种现代化机器，坚持用这种古老的传统方式。

在很久以前，有许多人来到这里淘金，因此，在这里，也留下了许多关于淘金者的美丽传奇。据传，曾经有一个女淘金者跟随丈夫来到了这里，不久后却因为丈夫酗酒而离婚，丈夫走后，女人留了下来，在这片寒

[德纳利公园内动植物]

冷的高山地区，女人在这里进行了耕种，她用良好的烹饪手艺为许多新来的掘金者提供了美味佳肴。有一次，一个淘金者来到这里，第一次见到她时，他就在心中埋下了爱的火种，但女人此时已经对爱情心灰意冷，为了能每天更方便地见到女人，这个淘金者在这里修建了一条穿越冰川的栈道，这条栈道，就像鹊桥一样将两人联系了起来，只是不知为何，两人此后一直保持着柏拉图式的恋爱关系，终身未再婚配。但此后，这座栈道和小木屋，就成为了这里的传奇。

[极光]

山峦性感的曲线，雪山若隐若现的轮廓，都让人心生敬畏。也许相比辽阔的阿拉斯加，这里只能算是个缩影，但这缩影也足以让人目瞪口呆。这是一块浓缩了阿拉斯加所有精华的土地，高耸的麦金利山，吃树莓的野生动物、颜色丰富的各类植物以及壮观的极光，它们在共享这片土地的同时又装点着这个谜一般的世界。

一起去看北极光

在每个荒原远望一望无际的地方，一定会有你意想不到的美景。如果选择秋冬时节来到这里，那么，你极有机会看到炫目的北极光。这场由光构成的盛宴最早在 8 月底开始，它是阿拉斯加最让人喜爱的美景，如果此时你来到了德纳里国家公园，你就无须忍受严寒也能看到北极光。与此同时，由于离城市较远，因此没有任何形式的光污染可以打断你眼前的这片北极光美景。

[德纳利公园内警告牌]

阿拉斯加之源

克拉克湖国家公园

在阿拉斯加，你可以看到许多美得惊天动地的风景——冰川湾、北极光以及各种神奇地貌。但偏偏克拉克湖国家公园不属于其中任何一种，它的美，淡得让人难以琢磨，但就是这个看似平常的地方，却被称为阿拉斯加之源。

所在地：阿拉斯加
特 点：蓝色的克拉克湖美丽异常、全世界最大的红鲑鱼洄游区

棕熊（学名：Ursus arctos），位于食物链顶的大型哺乳类动物，总数约 20 余万头，分布于欧亚和北美大陆，主要集中在俄罗斯、北美西北部和欧洲喀尔巴阡山脉地区。俄罗斯是世界上棕熊最大的栖息地，总计约有超过 10 万头，而美国和加拿大则分别有大约 3.3 万和 2.5 万头，其中阿拉斯加一个州就有超过 3 万头棕熊。

克拉克湖国家公园位于美国阿拉斯加州西南部，安克雷奇西南约 240 千米处。它建立于 1980 年，园区内面积有 1.6 万平方千米，其主要地形包括高山、湖泊、峡谷、海岸和苔原等。克拉克湖国家公园建立的目的是为了保护当地的火山、冰川、河流和瀑布，尤其是当地最著名的红鲑鱼以及居民的传统生活方式。

克拉克湖国家公园自然保护区中包含有多种不同典型的生态系统。在克拉克湖国家公园内有三分之二的土地都是属于一望无际的草原风光，除此之外，水声潺潺的溪流、透明清澈的湖泊以及葱葱郁郁的树木、连绵不断的高山，它们共同构成了公园多姿多彩的优雅景致。由于地处偏远，交通不便，因此这里是美国游客最少的国家公园之一，每年大约只有5000人来到这个公园探秘，但这也让这个公园的生态环境受到了保护。

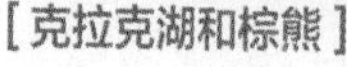

[克拉克湖和棕熊]

1980年，克拉克湖国家公园通过了《阿拉斯加国家名胜地保护法案》，成为了当地又一个国家公园。相比于著名的德纳利国家公园以及冰川湾国家公园，克拉克湖国家公园以原始风貌以及无破坏的自然景观取胜。

克拉克湖本身是由冰川融化形成的，其湖水呈乳白绿色。其地形的一个显著特点是有三个山脉汇聚到一处从而阻挡了游客，自上个冰川时代结束以来就有古老的部落一直居住在该地区，而现在的游客几乎无人涉足这里。

克拉克湖国家公园最为著名的就是克拉克湖，克拉克湖长64千米，宽8千米，整个湖体呈现出迷人的乳白色、绿色和蓝色相融汇的状态，克拉克湖是由冰川融化而形成的，这里被称作“阿拉斯加之源”，可见其对于阿拉斯加的重要性。游走在克拉克湖走廊，让人时而感觉置身无边无际的原野，时而感觉身处巍峨粗犷的群山间，各种自然景观不断地变换着，透明晶莹的蓝色冰川在峡谷中肆意奔流；沿着河流蜿蜒前行，人们会看到上百米高的瀑布飞流直下，十分壮观，除此之外，这里还是全世界最大的红鲑鱼洄游区。

[克拉克湖]

在克拉克湖国家公园中，除了克拉克湖外，还有与其一起构成湖光山色的绿宝石湖和泰利奎那湖，这两个位于北美驯鹿野生自然保护区内的湖泊虽然不如克拉克湖著名，但在湖泊附近生活着许多野生动物，它们是克拉克湖国家公园的瑰宝。

除了三大湖泊，克拉克湖国家公园最为著名的还有切格米特山脉，在山腰间，漫山遍野尽是像锦缎一般的菊芹宛，色彩斑斓，娇艳动人。切格米特山脉是阿拉斯加山脉与阿留申山脉的交汇地，同时，它也是克拉克湖国家公园内唯一一座山脉。

长期以来，人们常用“熊瞎子”来形容熊的视力极差，但是研究表明熊的视力并不比人类差多少，其听觉也很灵敏。当然了，熊的嗅觉可以说是哺乳动物中最出色的。这也是为什么在熊出没的国家公园野营时一定要按照规定存储食物了。熊虽然很凶猛，但棕熊和黑熊通常不会主动袭击人类，只有在感受到威胁（如带着熊宝宝的母熊）或者受到惊吓的时候才会主动发动攻击。

公园内，纽哈伦河则是当地著名的垂钓之地，来自各地的游客常常会来到这里进行垂钓，河边生活着许多著名的野生动物。

克拉克湖国家公园是一片远离大陆的地方，在这里，人们将感觉到独属于这里的原始风光。

[瓦尔迪兹港]

阿拉斯加的小瑞士

瓦尔迪兹

这里是美国下雪最多的地方，又被称为阿拉斯加的小瑞士，庞大的冰川、茂密的雨林、连绵的群山、多种多样的野生动物和鸟类共同构成了这座极地城市。瓦尔迪兹拥有无数的美国乃至世界之最，在整个美国拥有着举足轻重的地位。

所在地：阿拉斯加
特　点：北美最北的不冻港、美国降雪量最多的城市
…

在通往瓦尔迪兹的路上，举目所见，尽是巍峨壮观的山峰和神秘幽远的峡谷，在这里，处处都是尖锐的冰斗、深邃的悬谷、高耸的针峰和如利刃般的角峰，一条条冰舌从山峰间延伸出来，就像是一个用冰雕刻出的奇幻仙境，而这奇幻仙境的尽头，就是阿拉斯加的瓦尔迪兹。

瓦尔迪兹位于威廉王子湾的峡湾内，这是个依山傍海的小城，与阿拉斯加的肃杀不同，这里有精致的木房和鲜艳的花草。每年夏季，阳光会毫不吝啬地普照这里，让这座小城生机盎然，即便如此，它的四周却被白雪皑皑的冰川和山脉环绕，断裂的冰川坠入海洋，而看上去像是从海洋中诞生的楚加奇山连绵起伏，因此，许多人称它为冰天雪地里的小瑞士。

在地理上，瓦尔迪兹拥有许多值得骄傲的“头衔”：它是阿拉斯加最重要的港口，是北美大陆最北的不冻港，同时也是美国降雪最多的地方——这里的年平均降雪量高达700毫米，环绕着瓦尔迪兹绵延150千米的楚加奇山脉就像一块天然屏障，阻拦了从太平洋上飘来的冷湿气流，从而在瓦尔迪兹的南部形成茂盛的雨林，这座雨林，是太平洋温带雨林最北的延伸。

1989年的一天，“埃克森·瓦尔迪兹号”油轮从这里驶离后不久，在距瓦尔迪兹40千米处触礁，至少25万桶原油泄入威廉王子湾，使难以数计的海洋动物和鱼类遭受灭顶之灾，瓦尔迪兹也在一夜之间成为世人瞩目的焦点。

这片广袤的热带雨林是瓦尔迪兹最为旖旎的自然风景与冒险胜地，郁郁葱葱的丛林生长着许多只有极地才有的珍稀植物，这里的野生动物的种类也十分繁多，众多的鱼类和浆果让这里成为熊类的栖息地。在临近瓦尔迪兹的海域，还可以观赏到海獭、白腰鼠海豚、麻斑海豹、海狮、座头鲸、虎鲸等世界珍稀动物。

威廉王子湾是瓦尔迪兹的必游目的地，它是瓦尔迪兹的“护城河”，数百年来一直静静地守护着这里。威廉王子湾的清晨，峡湾平静如镜，一叶叶扁舟划破镜面，灵动的海鸟在阳光下振动着翅膀，当云雾散开之时，白雪皑皑的山峰被露了出来，白云就像腰带似地缠绕在山际，瓦尔迪兹展露出迷人之美。除此之外，瓦尔迪兹还是世界著名的垂钓胜地，这里聚集了众多的鱼类，鲑鱼、岩鱼、鳕鱼，以及最常见的大比目鱼处处皆是，这也吸引了无数游客的探访。

尽管如此美丽，但这里曾经也是一座多灾多难的城市。由于地质构造层极不稳定，1964年，瓦尔迪兹曾发生一场里氏9.2级的超强地震，将瓦尔迪兹以西70千米内的一切都夷为平地，无数人在这场地震中丧生。但最可怕的却是地震引起海床滑移，这让瓦尔迪兹的一部分彻底坍塌入海，进而掀起了9米多高的海啸，扫荡了整个小城，让整个小城一夜间彻底消失。当地居民只好忍痛放弃旧城，在6千米外重建了家园。

这个重建的瓦尔迪兹，这个从废墟上升腾而起的瓦尔迪兹，是阿拉斯加美景的最佳楷模。

[瓦尔迪兹港地震旧照]

此次地震破坏性虽然很大，但由于当地人口密度相对较小，遭受的人员伤亡和经济损失也比较轻。

最靠近北极圈的城市 费尔班克斯

这是一座因淘金而兴起的城市，无数人的淘金梦，让它成为了一个金光闪闪的城市，与淘金梦并驾齐驱的，就是这里上演过的无数个掘金者与美丽姑娘的爱情故事，除此之外，这里的极光、永昼、永夜等现象也吸引了大批的拥趸。

所在地：阿拉斯加
特 点：因为淘金热而兴起的城市，拥有唯一一家全年开放的冰雕博物馆…

[输油管道]
这是一条贯穿阿拉斯加南北的输油管道。建造这条全长1300千米的输油管道面对了种种挑战。除了恶劣的气候条件外，输油管道还要越过三座山脉、无数条大大小小的河流以及永久冻土层，因而近半条输油管道要架空兴建，而非埋于地下，以防止冻土层融化因而产生的移动。

北极光之都

费尔班克斯是阿拉斯加的第二大城市，它位于阿拉斯加州东部，1902年，这里因为淘金而兴盛，曾被称为“黄金之都”，同时，这里又是阿拉斯加中部的商业、经济和行政中心，是阿拉斯加高速公路的终点。

除此之外，这里也是离北极圈最近的城市，它距离北极圈仅208千米，因此，这里的夏天有22小时是白昼，极昼现象让“日不落”变成了可能。每年的6月到8月，只要天气晴朗，即使是在晚上，这里也能看到太阳。无数旅行者来到这里追寻日不落，追寻永恒的极昼。

到了秋冬季节，这里的白天开始变短，黑夜开始变长。而此时，北极光就成为了这里最诱人的景色，费尔班克斯被称为“北极光之都”，它是全世界观赏北极光的最佳地点，而每年的9月中旬，又是观赏极光的最佳时期。

说到观赏极光，就不得不提当地十分著名的脂穹顶了。脂穹顶是位于费尔班斯克以西的一座山，这里有滑雪场和一座天文观测台，是当地热门的旅游地点，与此同时，它也是观赏极光的好地方。

在秋冬时节的夜空，每当夜幕降临时，天空中就会出现几线灿烂而又美丽的光辉，它们就像纱帘一样笼罩着整个夜空，周边还会有无数的小星星跟着它不断地闪

烁，这就是北极光。北极光颜色多变，它在天空先呈现出绿色、黄色、蓝色、紫色，随后又出现琥珀色和橙色，这些炫目的光在空中不停地变换着造型，时强时弱，时聚时散，时明时暗，十分美丽。五彩斑斓而又不断变化的颜色将费尔班克斯的夜晚变得十分神秘。这玄妙善变的形态像是提前被设计出来一般，给人无限遐想，让人有一种置身宇宙星空的错觉。

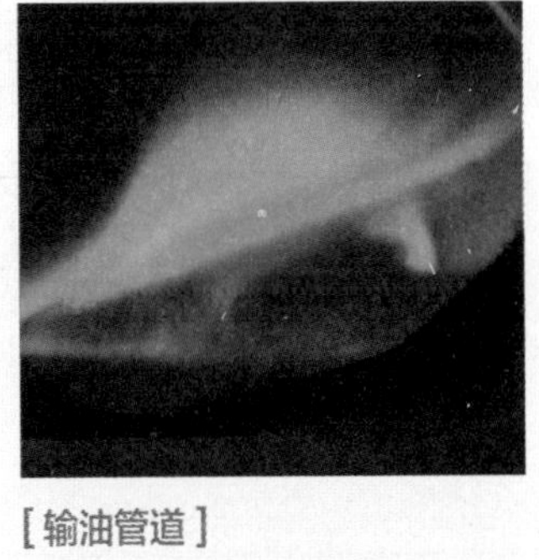

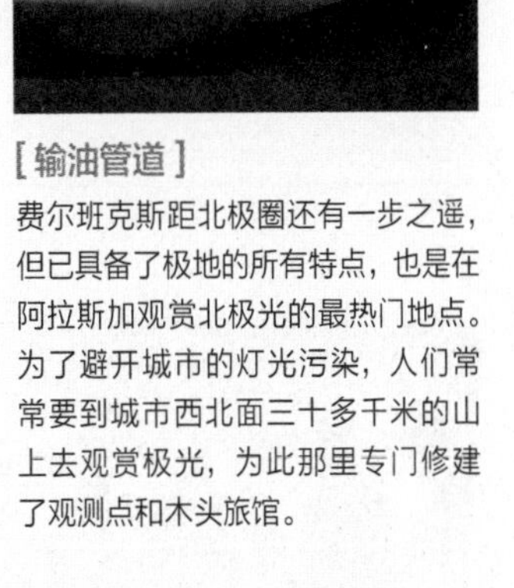

[输油管道]

费尔班克斯距北极圈还有一步之遥，但已具备了极地的所有特点，也是在阿拉斯加观赏北极光的最热门地点。为了避开城市的灯光污染，人们常常要到城市西北面三十多千米的山上去观赏极光，为此那里专门修建了观测点和木头旅馆。

那么，如此美丽的极光到底是怎么诞生的呢？过去，科学还不够发达，因此，人们对极光的解释有局限性。在我国的古书《山海经》中就有关于极光的记载。书中说道：在北方有个神仙，它的身形就像是一条红色的蛇，每天晚上，它都会在夜空中闪闪发光，它的名字叫触龙。触龙“人面蛇身，赤色，身长千里，钟山之神也。”其实书中所说的触龙，实际上就是极光。

随着人类对宇宙认识的深入，人们对极光有了更深的认知。科学家们发现，极光其实就是来自太阳的带电粒子到达地球附近，地球磁场迫使其中一部分沿着磁场线集中到南北两极，当这些粒子进入极地的高层大气时，它们会与大气中的原子和分子碰撞并激发产生光芒，形成极光。其实，极光的原理就像霓虹灯的发光原理一样，十分简单。

另一个著名极光观赏地是费尔班斯克东北 100 千米处的舍那温泉，在那里，人们可以泡在温泉里观赏北极光。

北方极地博物馆：了解神秘北极的最好去处

来到费尔班克斯，除了要观赏难得一见的极光外，

[极地博物馆]

费尔班克斯有阿拉斯加大学的校部，有在校生近1万人，加上教职员工，共1万多人，占了这个城市总人数的三分之一，每3个市民中就有1名大学生，这恐怕是世界上大学生比例最高的城市。

这里的北方极地博物馆也值得人们为之驻足。

位居费尔班克斯市中心的北方极地博物馆是人们了解神秘北极世界和当地人真实生活的最好去处。这里拥有全世界唯一一家全年开放的冰雕博物馆，十分奇特，壮观。

博物馆外饰墙体通白，似乎是建造者刻意仿造了北极地区常年积雪覆盖的场景，看上去十分“北极范”。在馆内分布着许多不同的展厅，有的展厅展示了北极地区地理环境变化及历史变迁，还有的展厅则陈列了一些来自北极的珍贵动物的标本，甚至连当地土著爱斯基摩人的生活习惯都应有尽有，作为一个涉“北极”未深的“小白”，可以在北方极地博物馆中深刻了解到这片被冰雪覆盖下的神秘世界。

[当年的淘金者 旧照]

费尔班克斯的历史起点是黄金。1901年，费尔班克斯附近的河谷发现黄金，次年大批淘金客从史凯威翻越高山进入育空地区的道森，在道森休整后，沿育空河及其支流塔纳诺河、奇那河到达费尔班克斯，这里形成了继1849年旧金山淘金热之后的又一淘金狂潮。

淘金者公园：与淘金有关的神秘往事

除了观赏神秘的北极光及参观北极博物馆外，人们还可以在第8号淘金矿场遗址感受一把淘金的魅力。

1903年，美国作家Jack London发表了著名畅销小说《野性的呼唤》，小说以费尔班克斯的淘金热为背景，讲述了一只叫做Buck的狗从美国南部加州一个温暖的山谷里，被卖到费尔班克斯变成一只雪橇狗的故事，Buck在历经磨难后，最终回到了大自然，但这也从侧面显示出费尔班克斯当时几近疯狂的淘金往事。

如今，这个淘金公园已经变成了一个游乐场，人们可以在这里进行健行、骑越野脚踏车、划独木舟等户外活动，在这里，还能看到淘金者们留下的痕迹。

圣诞老人之家

北极村

在美国，这里是所有孩子公认的圣诞老人之家，每年 12 月，无数落款圣诞老人的信会向雪片一样飞向这个极地小镇，这里的房子、街道、邮箱都像是为圣诞老人量身定做的一般，这里，是美国所有孩子的梦想之地。

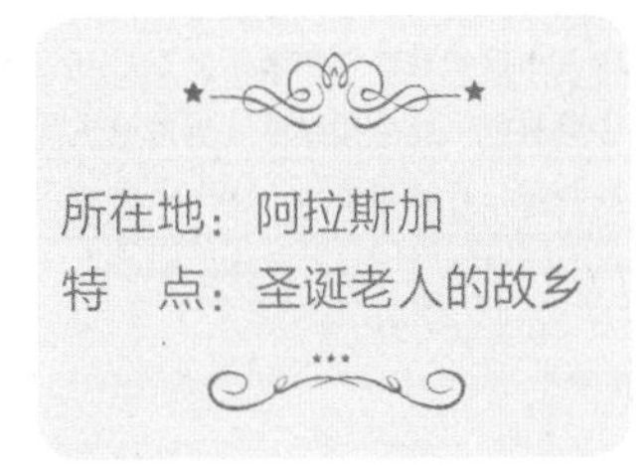

所在地：阿拉斯加
特　点：圣诞老人的故乡

1882 年，一位美国诗人在他的文章中第一次把圣诞老人描绘成了一个亲切可爱的老爷爷，他的文章中这样写道：他长着长长的白胡子，面颊红得像玫瑰，鼻子就像樱桃一般，每到圣诞节的时候，他就会快乐地驾着驯鹿雪橇来到村镇，从各家的烟囱爬下去，把礼物送给乖孩子。这篇名为《圣尼古拉斯的探访》的诗歌发表后，便在全美国疯传起来，并为全世界的孩子带来了一个新的朋友——圣诞老人。

如今，在美国孩子的心中，圣诞节成为了一个神圣的节日，结着彩灯的圣诞树、藏在袜子里礼物、尖尖的圣诞帽，这些都成了圣诞节的象征，除此之外，每个美国的孩子还会给圣诞老人写上一封长长的信，而这封信的收件地址就是位于阿拉斯加的北极村。

[北极村的圣诞老人]

北极村距离阿拉斯加第二大的城市费尔班克斯仅有 20 分钟车程，它是一个面积不过 10 平方千米，人口也只有 1700 多人的小镇，这里没有令人叹为观止的自然山水，也没有险峻浩瀚的冰川奇景，但这里每年都吸引着成千上万的游客接踵而至，而这只因为一个原因——圣诞老人。

早在几十年前，北极村就已经把“圣诞老人之家”的名称变成了自己的专属，许多孩子都相信，这里是圣诞老人真正的居所。当然，这个小镇也做了许多让自己

[北极村]

为了营造一种圣诞老人家乡的氛围，这里的许多公共设施都带有圣诞节的印记。小镇的宣传口号是“每天都是圣诞节”，走在北极村的街道上，仿佛走在童话世界里，路灯都是红白相间的糖果棒的形状，就连小镇的救护车和警车，用的都是圣诞节的两种经典颜色：红色和绿色。当地最主要的一条大街也被叫做“叮当大街”，这个名字源自圣诞老人滑着雪橇经过时铃铛叮叮当当的响声。

虽然阿拉斯加的北极村自称是圣诞老人之家，但它的“竞争者”不在少数。许多北极圈附近的国家为了广开旅游财源，都希望圣诞老人到本地来“定居”：芬兰人认为芬兰的拉普兰才是圣诞老人的正宗家乡，冰岛人认为冰天雪地的格陵兰岛最适合圣诞老人居住，瑞典和挪威为了谁是圣诞老人的故乡而争执不休，甚至连距离北极甚远的日本也把北海道和圣诞老人扯上了关系。不过美国孩子却坚信：阿拉斯加的北极村才是圣诞老人真正的家。

名副其实的举动，例如：这里的许多公共设施都打上了圣诞老人的印记，这里的宣传口号是“每天都过圣诞节”，这里的圣诞树一年四季随处可见，甚至比真正的树还要多。就连小镇的救护车和警车也用上了圣诞老人的经典配色：红色加绿色。

走在北极村的街道上，人们会感觉置身于童话世界，红白相间的路灯就像波板糖一样，当地的主干道被当地人称为“叮当大街”，据说这个名字源自圣诞老人滑雪橇时驯鹿脖子上叮叮当当的铃铛声。在小村里，当地人建立了一座圣诞老人之家，这是一座白色的房子，墙面上用颜料画着驯鹿、圣诞树等各种各样的与圣诞节相关的图画。来到圣诞老人之家，首先映入眼帘的自然拥有标志性白胡子的圣诞老人雕像。走入“圣诞老人之家”，人们会听到那首熟悉的《铃儿响叮当》，店里的店员们都穿着红色和绿色的斗篷，就像童话故事里的人物一般。在圣诞老人之家有一面墙，墙上贴满了来自世界各地的儿童写给圣诞老人的信，他们用英文、中文、意大利文、日文等各种语言写上了自己对圣诞老人的问候以及想要的礼物。

9 月底，在北极村降下第一场雪的时候，小镇里的人们就开始忙忙碌碌筹备圣诞节这个大日子，每年 12 月，这个小小北极村就会忙得不可开交，尤其是村里的邮递员，每天来自世界各地的信件像雪片般地飞来，如果把每天的信堆在一起差不多会有一座小山峰的高度。

这是一个神奇的小镇，它寄托了无数孩子的梦想，让圣诞老人永远与他们在一起。

北半球的奇迹

北极之门国家公园

北极之门国家公园也叫阿拉斯加国家公园，其名字可追溯至1929年：一位名叫鲍勃·马歇尔的探险者在考察库克河时发现了“寒冷峭壁”和北山这两座位于河两岸的大山，于是他将这个入口命名为“北极之门”。

北极之门国家公园位于美国阿拉斯加州北部，面积达34000平方千米，是世界上第二大的公园，也是美国最北的公园，更是全球最北的保护区，其整体都位于北极圈内。北极之门国家公园广阔无垠，有大自然的鬼斧神工和令人赞叹的绝世美景。

所在地：阿拉斯加

特　点：布鲁克斯山脉南坡被参差起伏的“泰加林”所覆盖，山脉的北侧则是绵延不绝、树木不生的北极苔原

北极之门国家公园与美国其他国家公园不同，内有6条原始河流、2个国家级大自然地标、Noatak生物圈保护区。在这片生存环境恶劣的土地上，还生活着数百名土著人，还有在这一地区居住了数千年的阿萨巴斯坎人和因纽特人的1500余后人，这里保持了亘古不变的原始风貌。

在北极之门国家公园，世界上最北的山系之一——巍峨的布鲁克斯山脉之心脏就在此跳动，这座巨大的山脉长965.4千米，在输油管道及邻近的高速公路建成之前，它是一道令游客望而却步的天然屏障。公园内的地形也由此山脉分成两个截然不同的世界：山脉的南坡被参差起伏的黑云杉森林所覆盖，黑云杉森林又称“泰加林”，这里是地球上树木能生长的“最北极”。山脉的北侧则是绵延不绝、树木不生的北极苔原，北风呼啸，似乎永不停歇。而夏季的北极苔原则会盛开争奇斗艳的野花，漫山遍野的青草、莎草和驯鹿苔为大地编织出了一幅绝美的画卷。

[道顿公路北极圈标记牌]

这是北纬66°33′标记牌，过了此地，代表真正走入了北极圈。

[北极之门国家公园]

[北极之门国家公园]

驯鹿的英文 Caribou 是指分布于北美的野生驯鹿，而把分布在北欧，经过拉普人管理和驯养的驯鹿叫做 Reindeer。驯鹿的个头比较大，雌鹿的体重可达 150 多千克，雄性稍小，为 90 千克左右。雄雌都生有一对树枝状的犄角，幅宽可达 1.8 米，且每年更换一次，旧的刚刚脱落，新的就开始生长。

事实上，登上北极之门国家公园的任何一座山脊，视野之中都会有一座座嶙峋山峰陡峭如削，直插天际，与云彩共舞，巍峨雄壮的景色也使得游客目不暇接。而这些犬牙交错的山峰间则是风景迷人的森林山谷，河流从中蜿蜒穿过，这些数百年来养育着爱斯基摩人和驯鹿的河流也是北极之门国家公园的主要旅游景点。Alatna 河从公园西北角的北极分水岭缓缓流出，穿过美丽的苔原，在一座壮观的森林山谷中与 Koyukuk 河汇合。Kobuk 河是一条极其漂亮的漂流河，从位于 Endicott 山和 Walker 湖的源头出发，蜿蜒流向南面和西面，并穿越两座景色优美的峡谷。河流景色秀美，让游客流连忘返。

北极之门国家公园与诺阿塔克国家保护区毗邻，是北极驯鹿的栖息地。它们长着漂亮的鹿角漫步在苔原上，产下幼崽，繁衍生息，并在这里度过夏天。而到了寒冬，数千头驯鹿会成群结队地向南方迁移，来到数百千米以外的聚食场过冬。事实上，在这种艰难的环境中游荡觅食的还有棕熊、狼、狼獾和狐狸。

北极之门国家公园是冒险爱好者绝不能错过的目的地之一，这是一个原始而又充满挑战的地方。探游这座不可思议的最北公园，人们会深切地感受到大自然的呼唤，会让人感觉自己真正来到了“世界的尽头”。

[北极驯鹿]

Russian polar spectacle

3 俄罗斯极地奇观

终年不冻的港湾

摩尔曼斯克

有一位俄罗斯诗人用这样的诗句描写摩尔曼斯克："在你的怀中，如同躺在摇篮，我忘记了一切，只是紧靠在你的胸前……并带着小姑娘般的羞涩，说：别走！再与我停留片刻！"置身这里，你就会变成诗中那个羞涩的小姑娘。

所在地：俄罗斯
特　点：摩尔曼斯克的4个极端分别是极夜、极光、极低空地和极贵的鱼子酱

暮光之城

对于中国的旅行者来说，摩尔曼斯克是一个十分冷门的城市，它位于俄罗斯西北部的科拉半岛，是俄罗斯通往北极地区的重要门户，也是北冰洋沿岸最大的港口城市。由于受到北大西洋暖流的影响，因此，它虽然地处北极圈以内，却也终年不冻，被称为"不冻港"。在摩尔曼斯克的西南部，竖立着一个标志塔，标志塔上书写有北纬68°58′、东经33°03′的字样，这标志着摩尔曼斯克是一个地道的北极城市。

[摩尔曼斯克标志塔]

这标志着该城已深入北极圈内300多千米，摩尔曼斯克是个地地道道的北极港城，一年中有一个半月的长夜，又有两个月的长昼。每年从12月2日起到次年1月18日前后，太阳一直沉落在地平线以下，北极星则几乎垂直地悬挂在高空。而在夏至前后的两个月里，太阳终日不落，周而复始地在天空照耀。

摩尔曼斯克拥有着4个极端，这4个极端分别是极夜、极光、极低空地和极贵的鱼子酱。每年12月到次年1月中旬，摩尔曼斯克会经历一段漫长的极夜现象，这里终年不见日光，就像是一座"暮光之城"，在漫漫长夜中，除中午略有光亮外，其他时间都是一片昏暗，太阳一直藏在地平线以下，而北极星则几乎垂直地悬挂

在高空，在天空照耀。因此，在这里，你时常可以听到大家互相问候“晚上好”。即使没有日光，因为有足够的能源，因此在这里的大街上每日都是灯火通明，完全不同于北欧其他国家冬日的萧冷。

如果来的时候足够幸运，这里恰好是一个寒冷的冬夜，那你就有可能看到传闻中的极光。极光被称为“上帝烟火”，它的颜色五彩斑斓，像烟花又不是烟花，像雾又非雾，神秘而又美丽。在这里，有许多关于极光的传说，爱斯基摩人认为“极光”是鬼神引导死者灵魂上天堂的火炬；希腊神话中却认为极光是黎明的化身。

摩尔曼斯克港终年不冻的主要原因是受北大西洋暖流的影响，北大西洋暖流在冬季影响最大。西欧、北欧都可受其影响。查看欧洲一月等温线图，可以发现西欧北欧的等温线偏向高纬。

除了极光和极夜，这里的空气也十分清新。按照当地的传统，来到摩尔曼斯克，你首先应大口呼吸一次这里的空气，那种毫无杂质的感觉，一定让你毕生难忘。许多人来到这里，也一定不会放弃这里的特产——鱼子酱。摩尔曼斯克是俄罗斯最大的深海鱼捕捞基地，因此，这里的鱼子酱也十分出名。但这里的鱼子酱的价格也十分昂贵，1000 克就要卖近 3 万元人民币，让人咋舌。

除了上面的 4 个极端外，这里有还有数百种北极动物，如北极熊、驼鹿、北极狐、海兔等，这些有趣的动物，一定会让你大开眼界。

[阿廖沙雕像]

二战期间，摩尔曼斯克人在抗击德寇的同时，继续向国家提供着鱼和鱼罐头，在作战的 3 年中，他们捕鱼 85 万吨，生产了 360 万听鱼罐头。后来，人们为了纪念这场伟大战争的胜利，在科拉河湾的山岗上建立了一座高达数十米的英雄烈士纪念碑，当地人亲切地称之为“摩尔曼斯克的阿廖沙”。为了表彰摩尔曼斯克人民的英勇斗争和顽强不屈，1985 年苏联人民政府授予该城“英雄城市”的光荣称号。

军港的夜静悄悄

在俄罗斯有许多新兴的旅游城市，《钢铁是怎样炼成》的创作地索契就是其中之一，但如果将索契看作一个娇嫩如水、出淤泥而不染的女子的话，那么摩尔曼斯克就像是一个从战场上退伍的老兵，它不会向世人标榜曾经的辉煌，但这些辉煌，却是历史掩盖不住的。

摩尔曼斯克是一个军港城市，在二战时，它被称为英雄之城。二战期间，摩尔曼斯克发挥了重要的作用，所有来自盟军国家的物资都是通过这个港口源源不断地输往苏联各地。这些粮食和设备支撑起了苏联的卫国战争，但这里也曾经变得腥风血雨，在二战期间，摩尔

[摩尔曼斯克雪景]

曼斯克共遭受 792 次空袭和 18.5 万枚炸弹轰炸，轰炸强度仅次斯大林格勒，位居全俄罗斯第二，如今二战早已结束，但那些与二战有关的废墟与历史却没有结束。

这里保留着无数战争和布尔维什克的痕迹，从列宁号核动力破冰船到阿廖沙雕像、从摩尔曼斯克巡航舰到海军基地，这些似乎都在静静地诉说着摩尔曼斯克曾经的辉煌与伟大。摩尔曼斯克的科拉湾畔，有一座叫做阿廖沙的雕像，这是全俄罗斯第二大的雕像，也是摩尔曼斯克的象征和守护神。这是一座高 40 米的士兵雕像，它是为了纪念在卫国战争中牺牲的苏联士兵而建，在纪念碑上刻着“1941-1945”的字样，阿廖沙像一个巨人一样保护着这一带海湾的和平和安宁。在阿廖沙雕像的脚下，是一团终年不灭的火种，这团火种象征着苏联红军的战斗精神，永远激励着每一个俄罗斯人。站在纪念碑旁向下俯瞰，整个摩尔曼斯克的美景一览无余。

[列宁号破冰船]

“列宁号”核动力破冰船是全世界第一艘采用原子能反应堆产生的能量进行行驶的船只。它比美国第一艘导弹巡洋舰“长滩”早了近两年的时间，于 1957 年下水，1959 年 12 月 7 日首航，1989 年正式退役。赫鲁晓夫曾将它亲自将其命名为“列宁号”。这是整个俄罗斯最辉煌的象征。

北极圈上的明珠

萨列哈尔德

这是世界上唯一一座完全修建在北极圈内的城市，除了已经习惯了当地气候的常住人口外，很少有外人能在这里生存下去。但即使面临着如此恶劣的自然气候，即使是在千里冰封、万里雪飘的冰雪之城，人们也能创造出惊人的文化。

所在地：俄罗斯
特　点：坐落在北极圈上，曾经是俄罗斯的流放地
…

坐落在北极圈上的城市

萨列哈尔德位于北纬66度，坐落在鄂毕河东岸。它就像一只被扔在雪地里的圣诞节玩偶，精致而又小巧。这是世界上罕见的坐落在北极圈上的城市，这里一年四季都十分严寒，每年有八个月的最低气温低于零度，1978年这里的温度甚至低至零下53摄氏度。伴随着严寒而来的，是终年的飘雪，据统计，这里每年的雪天会持续将近200多天，因此，手套、保暖大衣、毡靴成为了当地人一年四季的唯一选择。

萨列哈尔德距离俄罗斯首都莫斯科2436千米，这里曾经是一个不毛之地，常住人口不到500人。但随着天然气田的发现，它逐渐受到了政府的关注，来到这里从事天然气生意并定居在此的人越来越多，如今，萨列哈尔德凭借梅德韦日耶、乌连戈伊和扬堡等天然气田成

[萨列哈尔德城市一景]

为了俄罗斯的“天然气之都”，而迁徙到了这个城市的人口也已经达到了近5万。

这里的民族十分多样化，近5万人的人口划分了112个部落和民族。相对于外来人口，传统的原住民仍然过着最简朴的生活，在他们看来，驯鹿是他们的朋友，这种温顺的动物成为了他们出行最好的交通工具。而他们的居住条件也十分简陋，几根木头搭起来的帐篷再加上几层动物的皮毛就成为了遮风挡雨的“家”。严酷的自然条件锻造他们坚韧的性格，尽管环境恶劣，但他们仍然一代代坚守在这里。

[猛犸象雕塑]

2004年建于史前动物居住区内，鄂毕河河畔，萨列哈尔德市城市入口附近。2007年5月，在自治区发现了保存完整的猛犸象婴孩的冻尸——小猛犸象柳芭。

也许是因为终年寒冷的原因，萨列哈尔德的天空看上去有些低，让刚踏足这里的人感到有些压抑。但这片低沉的天空并未抑制当地人对艺术的热情与对美的追求。每年夏天，许多土库曼人和乌兹别克人会专门来到萨列哈尔德，坐在盛开鲜花的草地上写生，然后再把这美丽的极地风光收藏起来。这里有高耸入云的66度纬度纪念碑，它建立于1960年，是萨列哈尔德的地标性建筑。巍然的纪念碑耸立在冰天雪地里，像一个守卫边疆的战士，十分壮观，每个来到这里的人都会和这块巨大的石头合影，以表现自己的勇气。每到冬天的夜晚，这里还能看到最美的北极光，那多彩的颜色划过天空，让人感觉置身于河外星系。1932年冬季发现的乌斯季帕鲁伊遗址曾经闻名世界，它位于当地的西西伯利亚居民文化传统和自然保护区内，曾经，鄂毕河流域的居民曾在这里学习知识、技术和文化，在此地创造了无数的神话故事和惊人成就，如今，它已经成为了一片废墟，但那些史前文明，却深深地印刻在了这里。

猛犸象，又名毛象（长毛象），是一种适应寒冷气候的动物。曾经是世界上最大的象之一，在陆地上生存过的最大的哺乳动物之一，其中草原猛犸象体重可达12吨。距今约1万年前，猛犸象陆续灭绝，这被视作一个冰川时代结束的标志。

犯人的流放地与死亡之路

与我国古代岭南等地区的蛮夷之地相似，在古代，萨列哈尔德也是作为一个流放地而出现。1595年，当地人在帕鲁伊河注入鄂毕河的河口处修建了一座要塞式的监狱。犯人们被发配在这里从事义务劳动，如在码头装运货物以及矿山挖掘加工钻石等。这里也成为当时沙俄帝国的前哨站，慢慢地，要塞去除了军事功能，开始进行商业贸易，这便是萨列哈尔德作为城市的开端。

在当地有一座蒸汽火车发动机形状的纪念碑树立在市内，这是用于纪念在 1947 ～ 1953 年间死亡的铁路建设者们。在斯大林时期，修建铁路成为工业蓝图的一部分，20 世纪 40 年代后期，斯大林曾下令在苏联建设一条贯通西伯利亚东西部的铁路干线，而这里作为一个站点而存在。一个个的劳动集中营在这里拔地而起，这里面大部分劳改犯都是被流放的政治犯以及被俘虏的士兵。由于建设期间条件恶劣，有将近 10 万的劳改犯葬身于此，这就是历史上备受批评的“古拉格”。在斯大林去世后，由于资金匮乏和劳动力的不足以及政界变动，这条埋葬着无数劳改犯的铁路被无限期停工直至荒废，而这条付出巨大人力和财力的铁路也被人们称为“死亡之路”。

虽然萨列哈尔德地处偏远，天气严寒，但当地人却过得十分悠然自在。这里每年有 52 天假期，比俄罗斯正常的 28 天年假多出近一倍，当地人经常会利用假期出国旅游。在当地，各种产品应有尽有，当地特产冻鱼以其鲜嫩的口感热销海外。当地的文化生活也十分丰富，音乐会和话剧是当地人日常生活中不可缺少的文化娱乐活动。

[萨列哈尔德]

萨列哈尔德是亚马尔－涅涅茨自治区首府，该自治区是俄罗斯乃至全球天然气储量最丰富的地方，占俄罗斯储量的 70%。截至 2012 年底，俄罗斯已探明天然气储量为 32.9 万亿立方米，位居世界第二，仅次于伊朗。高纬度注定寒冷是当地的气候特色，但因为高福利，这里的市民过得逍遥自在，仿佛身处“洞天福地”。

1978 年 12 月的时候，这里的温度曾破纪录的低至零下 53 摄氏度。但为什么会有人愿意住在这里呢？随着天然气和建筑行业的开展，大批工人涌入这里，人口自 1992 年以来增长了 50%。

[当地食物——冻鱼]

这里不需要冰箱，人们会把鱼直接放在户外冷藏。与此同时，其他食物会贵很多，因为这个地区什么蔬菜都不长。

俄罗斯最北的植物园

北极阿尔卑斯植物园

在北极圈附近生长着世界上最坚强的植物。它们生来脆弱，在这片冰天雪地中进行“适者生存”的竞逐，最终形成了寒冷北极最美的一片风景。在俄罗斯的基洛夫斯克有一片植物园，它是这里最了不起的植物的王国。

所在地：基洛夫斯克
特　点：世界上最北的植物园，生长着无数的名贵植物

[基洛夫斯克市]

基洛夫斯克市是举世闻名的苏联卫国战争“列宁格勒保卫战”发生地，在基洛夫斯克市 1.5 平方千米的涅瓦空地上，为了胜利和和平牺牲了 20 万苏联士兵。“列宁格勒保卫战”是欧洲战场和世界反法西斯战争的转折点。

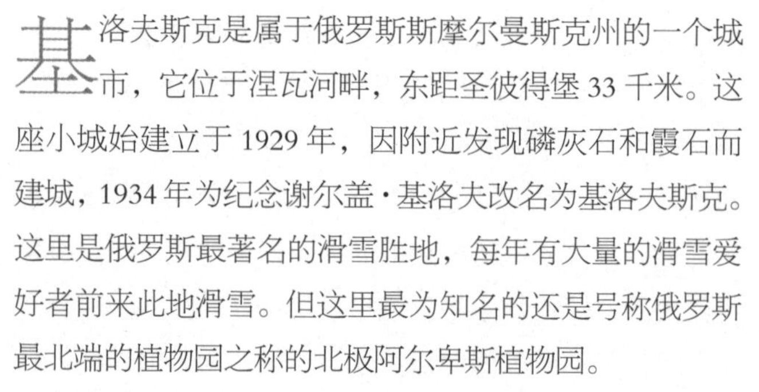

基洛夫斯克是属于俄罗斯斯摩尔曼斯克州的一个城市，它位于涅瓦河畔，东距圣彼得堡 33 千米。这座小城始建立于 1929 年，因附近发现磷灰石和霞石而建城，1934 年为纪念谢尔盖·基洛夫改名为基洛夫斯克。这里是俄罗斯最著名的滑雪胜地，每年有大量的滑雪爱好者前来此地滑雪。但这里最为知名的还是号称俄罗斯最北端的植物园之称的北极阿尔卑斯植物园。

基洛夫斯克大部分地区都被森林覆盖，这里有种类丰富的林木和草地，是北极圈里著名的天然氧吧。这里濒临日本海，海洋植物十分丰富，在浅水海域，到处是密密层层的海草和海藻林。位于市中心的北极阿尔卑斯植物园是前苏联最大的植物园之一，它也是俄罗斯最北的植物园。在严寒的北极地区，植物园是一个十分特殊的存在，它象征着春天，是漫长的冬季中最富有生机的场所。即使在这个城市遇到暴风雪或者霜冻时，这里的花草、植物却照样生长得很茂盛。

这片植物园始建于苏联时期，其主要目的是为了研究、保护和保存当地的名贵植物。整座植物园占地超过 5000 平方米，十分壮观。该植物园按

[基洛夫斯克大量的绿色植被]

照自然环境划成了几个片区，如高山牧场地区、高原湿地区、岩屑坡区、季节性雪库环境区等。园内的植物种类十分丰富，奥斯塔山谷植物、药用类植物、北美植物、西班牙和葡萄牙植物、欧亚植物等各个种类的植物在这里应有尽有。

由于身处最北端，加之海拔较高，因此北极阿尔卑斯植物园不能像南部城市那样拥有肥沃的土壤和充足的阳光。为了让这里的植物能在多石少土的贫瘠土地扎根生长，当地园林工人付出了艰辛的努力，而这里的植物也在风吹雨打中茁壮成长，除了各种名贵植物外，园内不知名的花草竞相怒放，给严寒笼罩的北极地区带来亮丽色彩。

除了观赏植物以外，人们还可以在这片山花竞放的开阔园地里闲庭信步，这完全是一种独属于北极的唯美的享受。在纯净的蓝天之下，在皑皑白雪的包裹之中，和树木一起沐浴着和煦的阳光，漫步在花草点缀的原野，心情也会瞬间变得无比愉悦。站在这片“前不见古人，后不见来者” 的空旷原野，人们可以尽情跳跃，纵情歌唱。这种感觉，一定会让人有一种“念天地之悠悠，独怆然而涕下”的情怀。

这就是北极的植物园，这就是那些已经习惯了冰天雪地，在恶劣环境的锻炼下，身处隆冬依然生机勃勃的植物的家园。

[谢尔盖 · 米罗诺维奇 · 基洛夫]

谢尔盖 · 米罗诺维奇 · 基洛夫是 20 世纪 20 ~ 30 年代联共（布）的主要领导人之一，历任列宁格勒省委第一书记等职。1934 年 2 月起任联共（布）中央组织局书记和委员，苏联中央执行委员会主席团委员。获列宁勋章和红旗勋章各一枚。1934 年 12 月 1 日在列宁格勒斯莫尔尼宫被敌人暗杀，葬于莫斯科红场。他的遇刺事件直接触发了被称为大清洗的恐怖镇压。该市的名字就来源于此。

地球上最冷的村庄

奥伊米亚康村

说到世界上最寒冷的地方，许多人第一反应就是南极和北极。其实，事实并非如此。在俄罗斯西伯利亚的奥伊米亚康，一年中有 3 个月的平均温度为 -40℃，历史上的最低温度达到 -71.2℃，被称为地球寒极。

所在地：俄罗斯
特　点：世界上最冷的村庄，世界上最深的冻土层
…

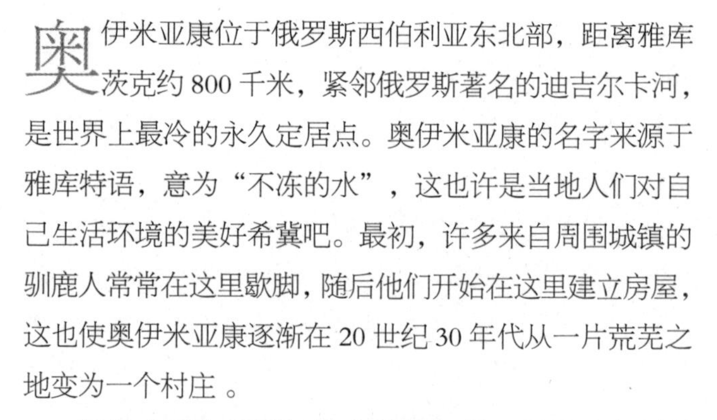

奥伊米亚康位于俄罗斯西伯利亚东北部，距离雅库茨克约 800 千米，紧邻俄罗斯著名的迪吉尔卡河，是世界上最冷的永久定居点。奥伊米亚康的名字来源于雅库特语，意为“不冻的水”，这也许是当地人们对自己生活环境的美好希冀吧。最初，许多来自周围城镇的驯鹿人常常在这里歇脚，随后他们开始在这里建立房屋，这也使奥伊米亚康逐渐在 20 世纪 30 年代从一片荒芜之地变为一个村庄 。

奥伊米亚康属副极地大陆性气候，冬季酷寒而漫长，一年中有 3 个月的平均气温低于 -40℃。当地的最低温度曾经达到 -71.2℃，被称为地球“寒极”。强烈的大陆性气候，使其年温差极大，冬夏温差可达 70℃～80℃，是世界上气温年温差最大的地方。这里的寒冷让生活在热带地区的人们不敢想象，墨水冻结、玻璃片冻裂在当地十分常见，在这里，发动汽车是一件十分困难的事，因此当地的交通工具主要是以驯鹿为主。

[奥伊米亚康村]

尽管处于极度寒冷的低温中，但这里的水奇迹般的不会结冰，而这也要归功于这里的冻土层，这里拥有全世界最深的约为 1500 米的冻土层，因此，冻土层带来的压力将水从地下抽向了地表。当然冻土给当地村民在建造房屋、铺设水管和建造墓穴时造成了许多的困扰。这里的土地属于永久冻土层，所有的房屋都必须在地上

[奥伊米亚康村]

奥伊米亚康村在 12 月时只有 3 个小时的日光，但到了夏季，白天却长达 21 个小时，尽管冬天是不可思议地冷，可到了 7 月份时，平均温度可达 14.9℃。

当地人通常喜欢用毛制作的衣服、帽子、靴子、手套等，虽然很常用，但这笔花费可不少，羽毛外套一件要 1500 美元，而更流行的女士款式，可能要高达 3300 美元。

先打上深深的地基，再埋上一根木桩将房屋“撑”起来，房屋和地面至少需要 1 米的间隔而不能直接建造在冻土上，否则一旦冻土地基被融化，房屋随时可能面临坍塌的危险。这里的房子十分厚实，门窗也糊上了四五层，以防止寒气侵入。这里的水管全都是铺在地面上，每隔一段距离就会设加热点，以防止水管冻裂。除此之外，这里埋葬死者也十分麻烦，在埋葬之前，必须先用点燃的篝火在土地上“炙烤”数小时，等泥土解冻后再将用于取火的煤放到一边，开始在地上挖掘，挖了数十公分后，再用篝火进行解冻，如此反复数次，方可挖出一个大洞。因此，在当地挖掘一个墓穴要 3 ～ 5 天的时间。

寒冷的天气尽管给人们带来了诸多麻烦却也提供了许多好处，奥伊米亚康历来一直以长寿村而闻名于世，这里尽管只生活了 500 多人，但却住着许多的长寿老人。由于这里不生长庄稼，因此，村民们日常的主要食物是鹿肉、马肉和鱼肉。可是当地人却没有营养不良，据说，村民长寿的秘诀在于当地人摄入含有大量微量元素的动物奶。

奥伊米亚康附近是三条流入北冰洋的湖泊之一的勒拿河，勒拿河从蛮荒萧瑟的西伯利亚出发，一路向北直入北极圈。每年，奥伊米亚康村都会举行盛大的“寒冷极点节”，无数的冰雕会在这条河畔立起。

奥伊米亚康村就是这样一个小而美的村庄，这里的人们世世代代地独享着这片美丽的美景。

据《每日邮报》报导，在奥伊米亚康村，人口只有 500 人左右，人们不用买手机，因为打不出去，汽车 24 小时不能熄火，因为怕再也发动不了；笔芯的油墨可能会冻结，让人写不出字，就连戴个眼镜都要小心，要防止因天冷而“黏”在脸上。

[极寒天气里的红绿灯]

冰冻天气给村民造成的另一困扰是埋葬逝者，他们必须用煤点燃篝火，燃烧数小时，以便让泥土解冻，然后把滚烫的煤推至一旁，开始挖掘，挖下十来厘米后，再次点篝火解冻，多次重复，挖一个足够埋葬棺材的墓穴可能需要花费 3 ~ 5 天，甚至更久。

[贝加尔湖]

西伯利亚的蓝眼睛
贝加尔湖

“那里春风沉醉，那里绿草如茵。月光把爱恋，洒满了湖面。两个人的篝火，照亮整个夜晚。”《贝加尔湖畔》将贝加尔湖神秘而又迷人的景致唱成了歌，唤起了无数人对这里的向往。它像是一只蓝眼睛，长在西伯利亚的大地上。

所在地：伊尔库茨克
特　点：清澈的湖水、独一无二的生物种群、古老的水怪
…

贝加尔湖位于俄罗斯西伯利亚伊尔库茨克州及布里亚特共和国境内，它拥有 2500 万年的历史，是世界上最为古老的湖泊，与此同时，它还是世界上最深的淡水湖泊以及面积第七大的湖泊。贝加尔湖湖形狭长，因此又被称为“月亮湖”，它是俄罗斯的明珠，就像一枚巨大而又闪亮的钻石，镶嵌在广阔的西伯利亚平原上，熠熠生辉，光芒万丈。1996 年，贝加尔湖申报世界遗产成功，从此，它开始迎来了一批又一批的旅行者。

无比清澈的湖水

俄国作家契诃夫曾在书中这样写道："这里的湖水清澈透明，透过水面就像透过空气一样，一切都历历在目，温柔碧绿的水色令人赏心悦目……"在不同的季节，贝加尔湖都呈现出不同的面貌。冬天的贝加尔湖，湖面早已冰封，那晶莹剔透的冰，薄而透明，一米多厚的冰层下，是微微颤动的水，一眼看下去，就像是通过放大镜在观察一般。过了冬季，冰雪消融，万物复苏，破冰时发出的爆裂声十分巨大，就像这片湖泊要吐尽压抑了一个冬天的郁闷似的，冰破裂后，裂缝处蔚蓝色的巨大冰块叠积成一排排蔚为壮观的冰峰。夏季，贝加尔湖到了它最美的季节，这时湖水变暖，山花绚丽。贝加尔湖又要准备开始储藏冰川融水，来迎接下一个冬日，秋天是这里最有韵味的季节，贝加尔湖两畔的白桦林被染成了黄色，湖光山色，煞是美丽。除了旖旎的四季美景，贝加尔湖的湖水也清澈无比，

贝加尔湖湖水一点也不咸，也就是说它与海洋不相通，但这里却生活着许多地地道道的海洋生物，如海豹、海螺、海鱼和龙虾。在贝加尔湖里生活着世界上唯一的淡水海豹。冬季时，海豹在冰中咬开洞口来呼吸，由于海豹一般是生活在海水中的，人们曾认为贝加尔湖有一条地下隧道与大西洋相连。实际上，海豹可能是在最后一次冰期中逆河而上来到贝加尔湖的。

[贝加尔湖]

湖水的最大透明度可达40.22米，透过贝加尔湖水观察水面之下40米内的生物就像是透过空气一样清晰。除了清澈之外，贝加尔湖的水质也十分上乘，它被誉为“世界之井”，湖里的水可以直接饮用，这是因为贝加尔湖特产的端足类虾每天可以把湖面以下50米深的湖水过滤七八次，在这些“清洁工”的辛勤劳动下，湖水自然也就相当“纯净”。除此之外，贝加尔湖的淡水资源也十分丰富，有科学家称，贝加尔湖的淡水足够50亿人饮用半个世纪，即使它的湖中不增加一滴水，光排放也需要400年才能将这里的水排尽，而如果贝加尔湖完全干涸，就算是全世界的河流全部注入贝加尔湖，也大概需要300多天才能将它填满。

贝加尔湖里长有热带的生物，像贝加尔湖藓虫类动物，其近亲就生活在印度的湖泊里，贝加尔湖水蛭在我国南方淡水湖里才能见到，贝加尔湖蛤子只生存在巴尔干半岛的奥克里德湖。

贝加尔湖已经经历了2500万年的历史，因此，它也成为拥有世界上种类最多、最稀有淡水动物群的地区之一，湖中有600多种植物，1200多种水生动物，其中四分之三为贝加尔湖独有的，因此，这里形成了独一无二的生物种群，这些生物种群具有十分重要的科研价值。贝加尔湖也堪称世界原生态的代表作。

[塔利茨木制民族博物馆]

塔利茨博物馆里存放了整体搬迁的一些俄罗斯传统木屋。 地点就选在贝加尔湖公路的47千米处。里面最有价值的建筑物是建于1667年的伊利姆斯基城堡，高大威严；广场中央还有一个小巧的1679年修建的喀山小教堂。整个博物馆占地67公顷，在自然保护区域内．有超过40个建筑物和8000展品，具有高度的历史价值和文化价值。

历史上是中国领土

与中国距离相隔十分遥远的贝加尔湖，在历史上曾是中国的领土。

据史料记载，在西汉时期，“贝加尔湖”就在匈奴的控制范围之内，并被称为“北海”，在中国历史上，就有苏武北海牧羊 19 年最后回到长安的记载。

1689 年，中国清政府与当时的沙皇俄国签订了《尼布楚条约》，条约规定贝加尔湖以东到额尔古纳河的土地归属俄国，自此中国就永远地失去了贝加尔湖。

水怪与传说

在贝加尔湖存在着许多未解之谜，其中最著名的就是关于水怪的传说了。像尼斯湖一样，贝加尔湖也曾被拍到有奇怪动物的存在，科学界也认为，作为地壳变迁的产物之一，贝加尔湖里极有可能有远古生物，但目前仍然没有定论。

除此之外，在贝加尔湖还存在着许多的传说。在湖水向北流入安加拉河的出口有一块圆石，人们称它为“圣石”。涨水的时候，圆石就像在水中滚动一样。关于这块圆石流传着一个古老的传说：相传，在湖边曾经居住着一位名叫贝加尔的勇士，他的膝下有一个美貌的女儿名叫安加拉，贝加尔对女儿疼爱有加但又管束极严，有一日，飞来的海鸥告诉安加拉，有位名叫叶尼塞的青年非常勤劳勇敢，安加拉瞬间爱上了这位勇士，但封建的贝加尔断然不许，安加拉只好趁其父熟睡时悄悄出走。贝加尔想投下巨石阻止女儿的去路，可是巨石投下时，女儿已经远走。而这块巨石就是贝加尔湖的圣石。

透亮的蓝，生机勃勃的绿，古老的故事以及神秘的水怪，都成为人们前往贝加尔湖的理由。

人类传承的奇迹

洛沃泽罗

这是一个北极圈里的小镇，这里作为寻找北极光的中转站而出名，但更多的旅行者来到这里后都愿意在这里逗留一些时日，去感受这里千年不变的风俗习惯，这个老字号的小镇对古老风俗的传承已经将近千年，是人类文明传承的奇迹。

洛沃泽罗位于俄罗斯摩尔曼斯克的附近，是北极地区的一个重要城镇，在这个北纬68度地区，每年都会产生极昼极夜以及神秘的极光现象，因此，这里也是观赏北极光的极佳场所。除了北极光外，这里悠久的传统风俗习惯和数千年的驯鹿传统也是吸引游人的重要因素。

所在地：俄罗斯
特　点：原始的环境、神秘的萨满教
…

驯鹿——对于许多人来说，它是圣诞老人童话故事里的坐骑，但它其实也是北方寒冷地区人们的主要交通工具，因为它的头似马而非马，角似鹿而非鹿，身似驴而非驴，蹄子似牛而又非牛，因此，它也被人们称做“四不像”。在洛沃泽罗，萨阿米人被称为“使鹿部落”，因为他们坚守着最原始的狩猎方式，与驯鹿为伴，代表着一种独特的北极圈原始民族文化现象。他们的基本生

据说在新石器时期洛沃泽罗湖附近就已经有了人居住的痕迹。而我们所说的洛沃泽罗是一个村庄，按照2002年的数据，村子里有3141位居民。还有内部发行的报纸——《洛沃泽罗真理报》。

[极光中的村落]

[圣湖的路标]

活方式曾经数千年保持不变，已经成为了人类文化传承史的奇迹。这种奇迹在其他地区已经慢慢消逝，它们不是被放在博物馆的展示架上，就是已经永久地封存在了地下。即使是在当地，在现代工业发展和城市化时代，萨阿米人的生存条件和生活选择较过去发生了很大的变化。越来越多的人开始使用俄语，和外族通婚，并且开始融入更广泛的文化。

萨阿米人信仰萨满教，在当地有一个圣湖，关于圣湖流传着一个古老的神话：传言曾经有一个侵略者叫楚德，他没有信仰也没有畏惧，在他来到洛沃泽罗后，他在这个小镇烧杀抢掠当地的萨阿米人。善良的萨米人为了躲避楚德的追杀只好全体迁往洛沃泽罗一个小岛上定居。在这个岛上居住着一个神秘的老妇人，在此的萨阿米人每次外出打猎回来后都会将猎物分给老妇人一部分，可是，他们最后还是被邪恶的楚德发现了，楚德乘船来到这个小岛时，一直被萨米人照顾的神秘老妇人突然施展魔法，呼风唤雨，将楚德的船掀翻，所有的坏人也葬身湖底，只剩下楚德和一个厨师被活捉。没有退路的楚德只好选择投降，接受萨阿米人的洗礼，与此同时，他还在左脚套上萨米人的毡靴，以表达自己的忏悔与诚意，归降后的楚德被萨阿米人的善良所感动。传说楚德到了临终前的一刻在当地化作一具石像，一直守护着圣湖。当地的萨阿米人相信这块石头就是楚德的化身，里面住着他的灵魂和神灵，充满了神秘的力量，如果对石头不敬，神灵就会弃石而去。

由于宗教的关系，对于当地的萨阿米部落来说，北极光除了美之外还具有了特殊的意义，他们会聚集在一起仔细观赏洛沃泽罗海岸上的光芒，并通过这些彩色的斑纹来解读命运。

洛沃泽罗，这个神秘的小镇，静静地伫立在北极圈上，美丽而又原始。

萨阿米人的圣湖流淌在科拉半岛洛沃泽罗的苔原上。圣湖海拔 189 米，长 8 米，宽度在 1500 ~ 2500 米不等，相传这里是发现“许珀耳玻瑞亚文明”的地方之一。

[萨阿米人的石头情节]

萨阿米人认为，石头里住着过世萨满的灵魂以及神灵，这些石头具有神秘的力量，它们接受人们的跪拜或者祭祀，并被用于萨满教的各种宗教仪式。但是神秘力量并非由石头产生，而是来源于住在其中的神灵。如果对石头不敬，神灵就会弃石而去。

原生态极地岛屿的代表

奥利洪岛

这是贝加尔湖27个岛屿中最大的一个，它是萨满教的中心，这里有原生态的环境、最清新的空气以及传统的风俗习惯。如果说贝加尔湖是西伯利亚的明珠，那奥利洪岛就是西伯利亚的心脏。

所在地：俄罗斯
特　点：原始的环境、神秘的萨满教

在贝加尔湖上分布着许许多多的岛屿，但人们都说，如果去到西伯利亚不去奥利洪岛，那就不算真正领略过贝加尔湖。奥利洪岛是贝加尔湖27个岛屿中最大的一个，它坐落在贝加尔湖的正中心，在岛上生活着1300名布里亚特人，他们是这个小岛的主人。奥利洪岛是由于当地的地壳运动而形成的，但在当地，关于它的形成还有另一个传说：很久以前，贝加尔湖周围没有任何岛屿，湖中全是各种鱼类和贝类。有一天，一阵大风刮过这一地区，整个湖面就像炸开的锅，大浪将湖底搅得天翻地覆，把湖底的沙石冲到了湖边，其中一些沙石被礁石挂住。经过年复一年的积累，这些礁石逐渐长成这里最大的岛屿——奥利洪岛。

[萨阿山]

奥利洪岛一直被视为北部萨满教的中心。据记载，萨满教始于史前时代，曾在亚洲范围广为流传，后与藏传佛教结合，在藏族、蒙古族和满族三个族群中盛行。萨满源于西伯利亚的通古斯语，意思是"他知道"。萨满（巫师）被认为有控制天气、预言及占星等能力。

奥利洪岛大约有1.5万年的历史，俄罗斯总统普京曾说，这里不能开发，只能保护。因此，森林、岛屿、草原、沙漠以及广阔的贝加尔湖是这个小岛保留下来的原生态的自然环境，岛上基本一半是原始森林，一半是草原，还有一小部分是沙漠，以至于连马路、房屋都脱离了钢筋水泥的束缚而采用了最合乎自然的土质建设方案。贝加尔湖西岸和奥利洪岛有一片独特的水域，这里环境十分特别，当地人称它为“小海洋”。除了小海洋外，这里还有险峻的萨满山，壮观的松林别墅，唯美的安卡

拉河落日，金色的白桦林，绿色的樟子松，古朴的原始村落，古老的木质建筑群，奥利洪岛像极了海子诗中说的那个“喂马、劈柴、周游世界”的环境，令许多旅行者心驰神往。

[奥利洪岛秋天的路]

奥利洪岛是6～10世纪古文化的最大文化中心，被认为是萨满教的宗教中心。这里的民族传统、习俗以及独特的民族特征都被完整的保存了下来。

俄罗斯人称奥利洪岛为“神秘岛”，这里除了神秘而美丽的自然环境外，其人文历史也十分神奇。在布里亚特人来到这座小岛之前，突厥库雷坎人最先在奥利洪岛定居下来，他们在这里与当地土著埃文基人逐渐融合。约13世纪，蒙古后裔布里亚特人来到贝加尔湖地区，在经过一系列战争后，布里亚特人成为了贝加尔湖地区的主人，伴随着他们而来的还有神秘的萨满教。

据俄方专家介绍，奥利洪岛是远古时期贝加尔湖北岸与南岸发生相互作用，地壳活动后形成的。该岛1.5万年前就有人类生活，有文字记载约8000多年。目前岛上仅有1300名居民，以布里亚特人为主。

奥利洪岛是俄罗斯北部萨满教的中心， 萨满教起源于史前时代的中亚和北亚地区，以大自然作为自己的信仰，他们没有寺庙，没有经书，也没有统一的宗教仪式，万物有灵便是他们唯一的信仰。每年7月下旬，这里就会成为巫师作法朝圣的地方，来自乌兰乌德、阿泰勒和蒙古的萨满法师们会从四面八方赶来，在这个神圣的地区聚集，以完成他们的仪式。仪式的过程十分复杂，主要包括长时间地击鼓让所有人进入催眠状态，从而与大自然进行交流，以及将牛奶和白兰地洒在石头上和将彩带系在树上。

布里亚特人的历史与我国蒙古族密切相关，是元朝蒙古族“不里牙赐”的后裔。至今他们都可以用蒙古语与我们的蒙古族同胞自由交流。而且他们的长相特征、生活方式也非常类似我们的蒙古族同胞。

最早提及布里亚特人的是《蒙古秘史》，布里亚特人是术赤降服的一林木中百姓部落，名为“不里牙惕”。据史料记载，1207年，成吉思汗命儿子术赤率军西征，布里亚特部遂成部属。到蒙古帝国时代被蒙古化，说蒙古语。

地球上最冷的城市

雅库茨克

这里是地球上最冷的城市，冬天人们呼出的气体会在瞬间解冻，变成冰碴，刚从河里捞出的鱼像是冰棍一般，比石头还硬，这里的汽车开不了多久轮胎就会裂开，坚硬的钢铁一折即碎，甚至连地底下的尸体也可以万年不腐……这里就是雅库茨克。

所在地：俄罗斯
特　点：地球上最寒冷的城市

雅库茨克是俄罗斯萨哈自治共和国的首府，同时也是萨哈共和国的经济和文化中心，雅库茨克建立于1632年，距离莫斯科8468千米。这里的居民多以雅库特人为主，它也是世界上除中国外黄种人最多的地区，22万人口中有80%为黄种人。雅库茨克毗邻北冰洋，这里温度极低，1月份的平均气温为-40℃，这是世界上最寒冷的城市，也被称作“永冻之城”。

令人诧异的是，尽管冬季温度如此之低，这里夏季最高气温有时却会达到30℃以上，温差高达70℃。这主要是当地的地形与气候共同决定的。雅库茨克的东、西、南部都是山脉，这些山脉共同构成了一个90°的“U”形谷地。每年冬季，从极地来的西北气流经过此地时在谷地中逗留，让本来就寒冷的雅库茨克温度更低。夏季气温升高，河面蒸发，热气难以散发，因此，这里也就变成了一个“热谷”。

雅库茨克始建于1632年9月25日，当时彼得·别克达夫率领数百人在勒拿河右岸建造了蔓延70千米的边防堡垒，位于现今雅库茨克的北边。

1643年更名为雅库茨克城，成为勒拿河地区军事、政治和商贸中心。

1708年划属于西伯利亚地区，18世纪末隶属于伊尔库茨克省。

1822年雅库茨克成为区域城市，自1851年，雅库特获得州自治权利，雅库茨克成为雅库特州的中心城市。

极低的温度差也让这里的城市建设有着不同于其他城市的特点——雅库茨克整个城市都建在坚如岩石的永久冻土之上，这里的楼厦都有高出地面的木桩支撑，木桩必须深深扎入活动土层之下，将房屋建在离地1米的桩上，才能避免因土地消融而造成的建筑物坍塌。因此，这里的房屋就像吊脚楼一般，十分奇特。

尽管气温低，温差大，但这里的资源却十分丰富。

当地有一个这样的传说，上帝在创建世界时曾飞往全世界，分发各类财富和自然资源，当上帝来到雅库特后，因为天气寒冷，致使手被冻麻，而手里的东西全都掉了下来，让雅库茨克占尽了便宜。

这里地广人稀，因此土地十分便宜。与此同时，这里森林遍布、木材价廉，花上几万元买一块地，就可以在这里建立一幢乡间别墅。这里的湖泊也是星罗棋布，当地人自豪地声称，他们有足够多的湖泊河流，每个人都可以分到一个。在市中心的雅库茨克地区博物馆，放置着一头在永久冻土层中出土的猛犸标本，这尊保存完好的标本在考古学和生物遗传学上所具有的价值让它曾经轰动世界。

与俄罗斯的许多极地地区相似，这里也曾是俄罗斯流放犯人的地区，许多罪犯曾被押到这里服役，后来这里又被当作太平洋海岸远征队的基地。在这里，生冻鱼十分受欢迎，这是一种类似于生鱼片的雅库式的美食，它味道鲜美，与伏特加一起配食口味极佳。许多人认为，被冻结的鱼就是生冻鱼。其实事实并非如此，生冻鱼的选材标准十分严苛，它只能用活鱼做，这些被冻得像砖块一样的鱼要先刮去鳞片，然后立即切成薄片，在切的时候，要始终保持顺直的状态，且都要保留它的皮下脂肪。而且最好的生动鱼为奇尔鱼、思科、白鲑鱼、鲟鱼、白鲟。

在这个最冷的城市，人们在此生生不息，创造了无数的文明与美食，这也许就是人类的神奇之处。

[雅库茨克教堂]

雅库茨克的冬季非常寒冷，经常出现厚厚的冰雪，尤其雪落在教堂屋顶时，在阳光照耀下，更显圣洁。

[伊万 · 卡夫 (Ivan Kraft) 的雕像]

-5℃时，会让人觉得冷得神清气爽，戴着小帽，围条围巾，就足以保暖；到了 -20℃，你会感觉鼻孔里的湿气都要结冰了；到了 -35℃，裸露的皮肤会很快麻木，冻伤不足为奇；到了 -45℃，戴眼镜也变成一件冒险的事：金属框会粘到脸颊上，当取下眼镜时，很可能会连带撕下一块肉。

雅库次克位于北纬 62°，在西伯利亚大陆腹部，冬天气温最冷至 -64℃，夏天最热可达 38℃，温差超过 100℃。雅库茨克首位市长伊万 · 卡夫（Ivan Kraft）的雕像，几乎完全被冰雪覆盖。

俄罗斯的极地鬼镇

普斯托泽尔斯克

这是一个无人的小镇——一个人也没有，但在小镇里，我们还能隐约感受到了定居点的痕迹。在15世纪时这里是一个繁华的小镇，那么，这里到底发生了什么？

所在地：俄罗斯
特　点：无人小镇，被称为鬼镇

普斯托泽尔斯克位于俄罗斯北部，它建立于1499年，这里是俄罗斯极地地区最重要的地标之一，这里曾经繁华一时，但如今，这个小镇已经变成了一片白雪皑皑的荒野，只见墓地，渺无人烟。

普斯托泽尔斯克建镇的原因是多方面的，当时，莫斯科公国刚刚发生了战争，为了重新掌握这一带的控制权，莫斯科公国在普斯托泽尔斯克建立了城镇。

15世纪末，普斯托泽尔斯克逐渐发展成了当地的要塞。17世纪，当地的人口已达约1000人，对于当时的社会条件来说，人口达到1000人是一个相当大的数字。不久后，这个城镇被用来当做囚禁或流放犯人的地方。

但不久后，这个繁华一时的小镇开始由盛转衰，逐渐被人们废弃。而这主要与宗教因素有关，这里曾经出现了异端，当地主牧师阿瓦库姆曾经被烧死在火刑柱上，那是一次与俄罗斯宗教改革有关的宗教与精神的内战。

如今，早已没有道路能够直接通往这里，只有在夏天骑山地车绕过重重障碍才能找到这个曾经的小镇，只有所剩无几的纪念碑和自然保护区才会让人意识到这里曾有人居住过。

[阿瓦库姆．彼得罗夫像]

17世纪中叶，俄罗斯东正教实行了宗教改革，当时在欧洲宗教改革正风起云涌，比如马丁路德的宗教改革，大大小小的改革从来没有断过。最后有权势的同时顺应时代潮流的一方胜利了，另外一方就失败了。而失败的一方，就会遭受迫害，被流放，甚至失去生命，信仰的事，从来都不是儿戏！

阿瓦库姆就是当时旧教派的首领，是固守传统的一方，他因此被流放到（流放地正是普斯托泽尔斯克，据说这是此镇被荒芜的起因）监禁，最终被火刑处死。

The beauty of Finland

4 芬兰极地之美

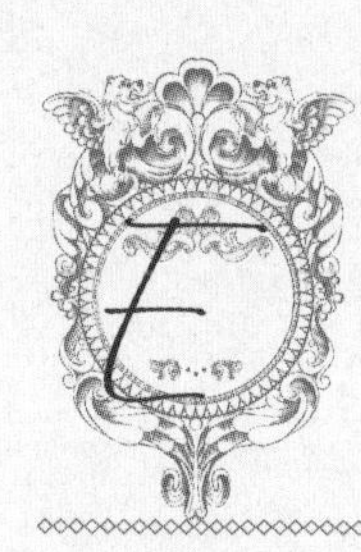

倾听孩子们的圣诞节愿望

耳朵山

传说，位于北极圈内的耳朵山是圣诞老人的家，这里充满神秘，除了圣诞老人、圣诞婆婆和成百上千的精灵外，其余人员都不能进入。在耳朵山有圣诞老人神秘的工作室、藏着各式礼物的储藏室以及其他很多神秘的房间。

所在地：芬兰

特　点：高483米，有三个山峰，形状像耳朵，相传是圣诞老人的家

耳朵山，位于遥远的芬兰北部拉普兰地区，高483米，有三个山峰，状似耳朵，因此得名为“耳朵山”。相传，耳朵山是圣诞老人的家，而状似耳朵的耳朵山，就是让圣诞老人倾听全世界孩子们的愿望的，它如此灵敏，从未错过孩子们任何一个愉快的欢笑、沉默的愿望或者一个愤怒的叫喊。

事实上，耳朵山是芬兰与前苏联通往北冰洋的国界线，而芬兰电台的儿童节目主持人玛尔库斯从中取得灵感，他在电台讲故事时说：圣诞老人和两万只驯鹿一起住在这座“耳朵山”上，正因为有“耳朵”，圣诞老人才能在北极听到世界上所有孩子的心声。这个浪漫而颇具感染力的故事获得了世人的认可，于是从此以后，耳朵山就成了圣诞老人的家。

耳朵山是一个非常神秘的地方。在地图上我们可以很容易的找到耳朵山，但真正通往耳朵山的秘密通道，却只有圣诞老人、耳朵山的精灵们和忠实的驯鹿才知道。在路上，人们可以看到数不胜数的驯鹿在公路中间闲庭信步。雪花飘飘，树林里金黄落叶飘飘而落，可以发呆，也可以跟着驯鹿散步，这极致的安静让人想起圣诞老人的微笑。据统计，每逢临近圣诞节，平均每天会有3万封信从各地如雪片般飞来耳朵山，而成千上万的游客也会千里迢迢前来探访位于极地圈内的圣诞老人的家。

[《圣诞传说》剧照]

剧作家Marko Leino去芬兰拉普兰的耳朵山拜访了唯一的圣诞老人。这部电影就是讲述了圣诞老人自己讲述的故事……

Nikolas（圣诞老人）住在芬兰的一个小岛上，从小就失去了自己的亲人，一直被村里的邻居照顾抚养长大。每到圣诞节的时候，他就要从一户人家搬到另一户人家。为了表达他的感谢，每年他要离开的晚上，Nikolas就自己用刀子刻木头的小礼物送给抚养过他的家庭中的小朋友们。很多年过去了，抚养过他的家庭越来越多，在圣诞节的早晨，几乎村里每户人家都会发现门口摆放的小礼物。

北极圈的眼泪

伊纳里湖

风景秀丽的伊纳里湖位于芬兰境内，挨近俄罗斯和挪威边界，是芬兰的第三大湖泊。在湖上有一座充满神秘色彩的岛屿叫做“墓地岛”。据称这里安葬着历代萨米人的祖辈，因此，伊纳里湖被萨米人视为圣神之湖。

伊纳里是一个非常迷你的小镇，伊纳里平时的街道大都是空荡荡的，除了为数不多的本地居民之外，游客也是少之又少。如果想要寻找一个世外桃源，可以远离喧嚣，静静发呆，或者暂时消失于熟悉的朋友圈，这里将会是一个很不错的选择。这里为数不多的酒店，也都是极具北欧特色的小木屋。

所在地：芬兰

特　点：拥有着历史悠久的驯鹿文化和萨米风情，著名动物栖息地

伊纳里湖内大大小小的岛屿多达3000多个，其中最著名的莫过于“墓地岛”，据称这里安葬着萨米人的祖先，因此，它也被誉为是萨米人圣神的湖。伊纳里湖

[伊纳里湖]

[萨米博物馆]

萨米博物馆是一座着重介绍萨米文化的生态露天博物馆，只在夏天开放，也芬兰最好的文化博物馆之一。

湖岸陡直，多岩石岸，上覆森林，吸引游人前来垂钓，湖内生活着多种鱼类，包括鲑鱼、白鱼、鲈鱼和梭鱼等。伊纳里湖不仅美丽且充满灵性，湖畔风光旖旎，湖区宜垂钓和划船，游客甚多。

伊纳里冬季时间非常的漫长，从 8 月最后一个星期到次年 5 月都能看到极光。夏季的气温也是十分宜人的，很多受不了酷暑的西欧和南欧人都非常喜欢来这儿避暑、漂流、淘金，甚至还可以看到午夜太阳。

伊纳里湖位于伊纳里小镇正对面，游玩伊纳里湖，不需要过多的走动，在湖边感受它静谧的美好，便已满足于心。清晨的湖畔，时光静谧，朝阳初起，似乎万物大地即将开始苏醒。在天气晴朗的时候，伊纳里湖海天一色的湛蓝让人陶醉。偶尔起风，湖面微微涟漪着阵阵波澜，风停时，湖水则会变得平滑如镜，无比动人。许多会享受的伊纳里人都会在湖边建一个小木屋，在闲暇之余过来度假。一艘小船或是游艇，都属于许多伊纳里人的度假屋配置。

大约每年的初冬，伊纳里湖就开始进入长达半年的冰冻期，在这期间，游人们可以自由地穿梭在冰封的湖面，一览无余的观赏漫天的繁星和变幻莫测的北极光。

伊纳里湖的周围就是著名的伊纳里森林，如果能在正确的季节来到这里，将会抓住秋天的色彩。这是一个纯粹用来欣赏大自然缤纷色彩的季节。在芬兰语中有一个词汇，叫做 Ruska，是专门用来形容芬兰那色彩斑斓、层林尽染的无边秋色的。

伊纳里另一个值得推荐的就是雪地摩托极光团，当然你得学会雪地摩托驾驶，这非常简单，没有驾驶经验也能完全掌握。到了夜晚，浩浩荡荡的雪摩托大军骑行穿越丛林到极光观测点，在驾驶中观测极光，乐趣非凡！有人曾经描述说：望见极光，如同是突然感受到了地球的宏大脉搏，一众苍生顿时惊觉自己的渺小无助。千百年来，大自然的这个表演吸引着无数人到此仰望穹苍。在这里，你会拥有一段属于自己的时间，去短暂地体会一下“永恒”。

[雪地摩托]

雪地上活动最快的交通工具莫过于雪地摩托。这种摩托比常见的摩托更容易学习和掌握。租车时配套附带有头盔、保暖衣物、手套等全副装备，还有随团教练以保证游客玩得安全、尽兴。因为雪地摩托的速度快，因此在同样的时间之内，雪地摩托的行程覆盖范围要大得多。

[赫尔辛基大教堂]

离上帝最近的地方

赫尔辛基大教堂

赫尔辛基大教堂是赫尔辛基最著名的建筑，所在的高地高出海平面 80 多米，在大海上一眼便能望见，十分醒目。其顶端是带淡绿色圆拱的钟楼，尖顶则是金色的，其他地方则通体白色，因此又称为白教堂。

所在地：芬兰

特　点：高高的穹顶，洁白的墙壁，结构精美，气宇非凡，是赫尔辛基的标志性建筑

赫尔辛基大教堂是芬兰赫尔辛基的标志性建筑，建于 1852 年，出自德国建筑师恩格尔之手，是一座路德派教堂。大教堂矗立于游客聚集的参议院广场中心，一眼望去，希腊廊柱支撑的乳白色教堂主体和淡绿色青铜圆顶的钟楼十分醒目，宏伟的气势和精美的结构使其堪称芬兰建筑艺术上的精华。

赫尔辛基大教堂是赫尔辛基最著名的建筑，数百级台阶上的白色教堂大圆顶巍然耸立，气宇非凡，周围是四个模仿圣彼得堡圣以撒大教堂风格的小圆顶，构成赫尔辛基一道独特亮丽的风景。教堂平面为对称的希腊十字形，四面都有柱廊和三角楣饰，宏伟的大教堂里面有许多精美的壁画和雕塑。教堂内的布置朴实无华，有中规中矩的管风琴、布道台以及主祭坛，简约而不简单，给人强大的冲击力。赫尔辛基大教堂，就如同一位贵族公主，穿着白色美丽的婚纱，亭亭玉立。由于其以白色为主体，结构精美，象征着纯净无瑕，也受到诸多新人的青睐，成了赫尔辛基非常热门的婚纱外景拍摄地。

大教堂前是参议院广场，东西两侧分别为淡黄色的新古典主义风格建筑：内阁大楼和赫尔辛基大学。在铺满古老石块的广场上竖立着沙皇亚历山大二世铜像，以纪念他给予芬兰广泛的自治。造型精美、栩栩如生的铜像披风沐雪，仿佛向人们展示它当年的风韵。铜像前坐着穿着复古的妇女们，有一种中世纪的油画味道。每当教堂神圣的钟声响起，整个广场一片庄严肃静，游人和市民一起静静感受这唯有宗教才能带来的让心灵宁静的珍贵一刻。从参议院广场到赫尔辛基大教堂，有数百级淡褐色的花岗岩石阶，将教堂打造成古典的纪念堂，尽显教堂与俗世的不同，赫尔辛基大教堂的美和神圣因此也深留于广大游客心中。沿着赫尔辛基大教堂的台阶拾级而上，广场周边的建筑尽收眼底，一览无遗。

大教堂附近的南码头是停泊大型国际游轮的港口。南码头广场上有常年开设的露天自由市场，商贩们在这里出售新鲜的水果蔬菜、鱼肉和鲜花，还有芬兰刀、驯鹿皮和首饰等各种传统工艺品以及旅游纪念品，是游客观光旅游的必到之处。

由于赫尔辛基大教堂的特殊地位，芬兰很多情侣都选择在此举行婚礼，而北欧最好的大学之一——赫尔辛基大学的神学院毕业典礼，每年也选择在此举行。由于其所在的高地高出海平面 80 多米，无论身处市区的哪个角落，也都能望到赫尔辛基大教堂的身影，使它成为了赫尔辛基的象征，也是赫尔辛基的重要地标，同时也被称为“赫尔辛基之心”。

赫尔辛基大教堂是芬兰最受欢迎的结婚场所。为了能在这里举行婚礼，新人们需要提前一年半预约。此外，每年赫尔辛基大学的神学院都会在赫尔辛基教堂举行传统而又隆重的毕业典礼。

[赫尔辛基大学]

赫尔辛基大学，是位于芬兰首都赫尔辛基的一所古老的世界顶尖级高等学府，世界百强名校。1640 年创建于芬兰古都土尔库，1828 年迁至赫尔辛基，现已成为芬兰历史最悠久、最大的综合性大学。赫尔辛基大学以其悠久的历史、丰富的藏书、一流的设备、齐备的专业以及杰出的成就闻名欧洲。它同时也是芬兰在国际上享有盛誉的著名高等学府，全球广泛使用的 Linux 操作系统于 1991 年 10 月 5 日诞生于此。

[赫尔辛基参议院广场]

赫尔辛基参议院广场位于赫尔辛基市中心，是著名建筑师卡尔 · 路德维希 · 恩格尔的建筑杰作之一，占地约 7000 平方米，广场地面覆盖着不少于 40 万块灰红相间的芬兰圆花岗岩。议会广场不仅是赫尔辛基市民活动的中心，还举办各种各样的活动，同时也是欣赏新古典主义建筑的最佳场所，被视为芬兰的重要地标。

世界上唯一一座建立在岩石中的教堂

岩石教堂

岩石教堂是几乎所有造访赫尔辛基的游客的首选之地。教堂利用岩石高地建造而成。在这里我们可以静静感受建筑的宁静，石头的宁静，光影的宁静，以及心的宁静……

所在地：芬兰

特　点：外观看起来像着陆的飞碟，内壁保持天然的花岗岩石壁纹理，是世界上唯一一座建立在岩石中的教堂

…

岩石教堂，又名坦佩利奥基奥教堂，坐落于芬兰首都赫尔辛基市中心的坦佩利岩石广场，是世界上唯一一座把整块岩石掏空建筑而成的教堂。于1969年建成完工，教堂的建筑设计由芬兰本土的一对设计师兄弟添姆和杜姆苏马连宁共同完成，据说在赫尔辛基，这两位伟大的设计师只有包括岩石教堂在内的两个作品被建成。

与赫尔辛基其他教堂相比，岩石教堂更为低调，整体为半地下结构，只有椭圆形教堂大厅沐浴在日光下。外观彻底颠覆教堂的概念，看起来像着陆的飞碟，入口就像个幽静的隧道口。大门如同一个洞穴的出口，水泥门框的横梁上覆盖着岩石碎块，门梁右角有一个暗红色的空心十字架钢板造型。教堂顶部的墙体用人工炸碎的

［坦佩利奥基奥教堂］

教堂入口

墙壁上的管风琴

岩石堆砌而成，看似零星散乱，仿佛要摇摇欲坠，但实际上每块石头都是建筑师们精心选砌的，坚固无比。外部墙壁以复古铜片镶饰，内壁则完整保持了天然的花岗岩石壁纹理，其余的壁面仍保有原始风情的岩石，入口处则涂以混凝土。除了石头，岩石教堂使用最多的是铜材，全是去除任何装饰的最简单的形体，只为需要和优雅。

[教堂内的圣坛]
岩石教堂内的中心区域有一个圣坛，与玻璃屋顶所射下的自然光芒相互辉映，尽显圣坛的神圣。

岩石教堂共有两层，可容纳近 1000 人。拱形的屋顶设有玻璃天窗，使身处地下的教堂能够得到必要的采光，因此教堂内部光线透明。中心区域有一个圣坛，简洁而朴实，供桌用一整块花岗岩板制成桌面，桌子边上供着耶稣十字架，左边是一束鲜花，右边有两根蜡烛，金碧辉煌的玻璃拱顶隐隐约约反射着下面的烛光，尽显神圣。圣坛左边，原石搭起的圣水池是用一块厚重铜板敲打出的粗胚模样。高大的拱顶靠 100 根放射状的横卧钢梁托撑，穹顶的天花板则用一根根 2 厘米宽的钢条镶嵌缠绕。在岩壁的回音作用下，音效奇佳，长达 22 多千米的铜丝使得岩石教堂成为唱福音诗和举办古典音乐会的热门地点。水滴从岩缝中渗出，顺着岩壁流入地下水道，增强了教堂内的音响效果。教堂内有一组巨大的管风琴，有 4 个键盘、43 个音域和大大小小 3001 只音管，音色丰富、声音洪亮。教堂每天都有音乐演奏，游人鱼贯而入，出奇地安静，默默地在后排坐下，闭上眼睛，倾听和冥想。走进岩石教堂就好像感觉走进一座高雅的音乐殿堂。

我国前国家主席江泽民同志到访该教堂时，为教堂内的音质所倾倒，也即兴演奏了一曲。

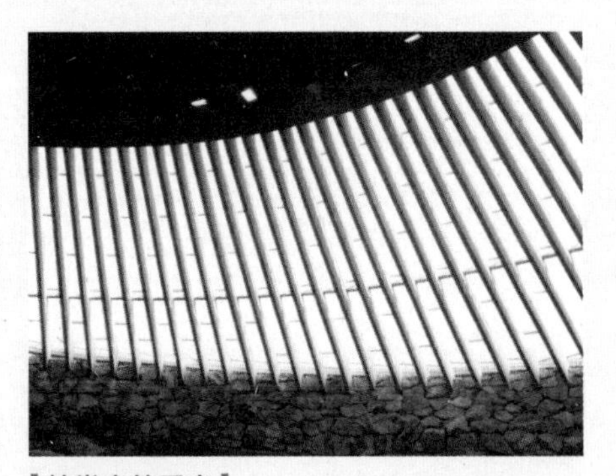

[教堂内的采光]
180 根呈放射状的钢筋混凝土斜梁与岩壁相连，支撑着拱顶。斜梁之间是不对称的玻璃天窗，透过天窗可看到蔚蓝的天空和洁白的云彩。

赫尔辛基岩石教堂属于基督教福音派路德一支，其魅力在于它的独一无二，它没有哥特式的教堂尖顶，也没有让教徒们肃然起敬的神像，甚至没有悠远而肃穆的教堂钟声。它幽静古朴，自然无华，悄悄地带人们回归人心自然的本质，突显出其与众不同的艺术与宗教魅力！

波罗的海的长城

芬兰堡

蓝天白云，古典建筑，海鸥飞翔，还可以欣赏到芬兰湾亮丽的海岸线风光……这里是已有 250 多年历史、世界上现存最大的海防军事要塞之一——芬兰堡，1991 年被联合国教科文组织列入了世界遗产名录并受到保护。

所在地：芬兰

特　点：有 250 多年历史、世界上现存最大的海防军事要塞，有教堂、军营、城门等名胜古迹

帝皇门是芬兰堡的象征，门上用大理石板镌刻着一句雄伟的城墙格言："后人们，凭你自己的实力站在这里，不要依靠外国人的帮助。"

芬兰堡位于赫尔辛基外海上的一串小岛上，是芬兰最为重要及著名的景点，也是芬兰的文化瑰宝，建于 1748 年，当初建此要塞的目的是为了加强瑞典抵御俄罗斯的能力，芬兰堡也因而有了"北方的直布罗陀"的美誉，是名副其实的"波罗的海长城"。芬兰城堡还有教堂、军营、城门等名胜古迹，有世界上不可多得的海上军事遗迹。

如今的芬兰堡，不再是炮火轰鸣、硝烟弥漫的海防军事要塞，取而代之成为人们向往的只有碧海、蓝天和美景的旅游与疗养的圣地。许多楼房和驻军建筑物已经被改造成公寓、写字楼、会议场所、餐厅和博物馆，星星点点地分布在各个角落。

芬兰堡历史悠久，雄伟壮观，占地面积 80 公顷，其中保存有 8 千米的城墙、105 门大炮、290 座机房和一系列的博物馆，用红砖砌成的博物馆有着芬兰特有的味道。整个芬兰堡位于大黑岛、小黑岛和狼岛 3 个岛屿上，岛与岛之间由桥梁相互连接。漂亮的木桥，白色的栏杆，红色的建筑，蓝天白云，组成一幅美丽的风景图。

[芬兰堡城墙]

极光奇遇记

玻璃屋

芬兰北部的玻璃屋酒店是一个让人愿意抛弃一切换得一夜美景的地方，在白雪皑皑的地上，每个房间都配备玻璃幕墙，仿若一颗颗钻石，晶莹地镶嵌在白色的大地。玻璃屋酒店的位置还是北极圈内看北极光的最好地点之一。

所在地：芬兰

特　点：玻璃圆顶使用热玻璃，舒适地躺在床上就可以清晰的观赏到壮丽的北极光和数以百万计的星星

玻璃屋酒店位于芬兰北部地区、北极圈再往北250千米，拥有世界上独一无二的20个玻璃穹顶客房，每个玻璃房间都配备了玻璃幕墙、厕所和豪华床铺，玻璃圆顶使用的是芬兰人发明的热玻璃，含有预防霜冻功能，在配有中央供暖系统的玻璃房里，既能保持室内温度，又能保持良好的视角，获取晶莹剔透的全景，让游人舒适地躺在床上就可以清晰的观赏到壮丽绚烂的北极光和数以百万计的璀璨星星，被称为酒店中的劳斯莱斯。

观看极光除了要看天时地利，更重要的是身处良好的环境，而玻璃屋则可以全方位满足。酒店内设有冰雪屋、木屋别墅、冰雕、冰雪教堂等各具特色的建筑，雪屋里面有各色冰雕，晶莹剔透的白色是最极致的美。

在北极圈的玻璃屋住一晚，可能是此生必须要体验的事。在只有一些稀疏的树木和完全没有光污染的晚上，透过透明的玻璃幕墙，能够彻底欣赏北极圈风光，舒服地躺在床上仰望星空，可以清晰地观赏到绚烂的北极光——黑暗夜空突然被奇妙的光束点亮，光束在夜空中旋转、弯曲，时而呈带状、弧状，时而又是幕状、放射状，变幻莫测，美得令人窒息。

[芬兰玻璃屋]

冰雪奇缘的绝唱

拉普兰

白雪皑皑，冰清玉洁，在晚上能看到壮丽的北极光，还有雪橇犬、圣诞老人、冰雪世界……这些独有的极地风光、土著民族风情，让拉普兰完美诠释了“冰雪奇缘”的绝唱，也绝对会给你一次珍贵的旅行体验。

所在地：芬兰

特　点：四分之三处在北极圈内，放眼望去，几乎全是森林、河流，全被皑皑的白雪覆盖，冰清玉洁

…

位于北极圈以北的拉普兰是一片梦幻般的土地，地处于挪威北部、瑞典北部、芬兰北部和俄罗斯西北部在北极圈附近的地区，四分之三的部分都处在北极圈内。每年的10月开始进入冬季，持续时间长达8个月，是名副其实的冰雪王国，也被称为北方冰雪女王。

从10月份开始，拉普兰便被白雪覆盖，很多湖面开始结冰，道路两边的树林也已只有银枝，真正变成了一个纯白的国度。放眼望去，几乎全是森林、河流，白雪皑皑，冰清玉洁，一望无际，仿佛世外仙境。在拉普兰的森林中，冰雪完全把树木罩住了，飞雪不止，而这些被冰雪盖住的树木则如同在雪原里白花花的慢慢移动的物体。冰雪地带上空，冬日的太阳苍白地照耀着，它的温度很难温暖冰冻的森林，冰雪冬天的拉普兰，气温甚至低达 -20℃以下。不过，在拉普兰这个地广人稀的

[拉普兰冰雪王国]

国度，几乎每家每户都有一个专门的桑拿房。屋外是彻骨的寒冷，屋内却是弥漫水蒸气的暖热，这是游客不可错过的体验。而到了冬至前后，游客可以亲身感受到极夜，可以看到 24 小时不灭的星光。

在夏季的整整三个月中，拉普兰会沐浴在 24 小时不落的阳光下。相对于最黑暗、缺少日照的冬季，这真是一个十分惊人的反差。“午夜阳光”时节的活动内容也丰富多彩，比如，可以在美丽的山岭上徒步行走，或是参加精彩的文化活动，索丹居拉（Sodankylä）的午夜阳光电影节就是一例。

当然，在拉普兰，如果不参加雪地运动，那是你最大的损失。如果倾向于冰雪中飞驰的感觉，你可以真正体验时尚滑雪的乐趣：坐上冰雪卡丁车，在冰雪茫茫的赛道上，用令人血脉贲张的速度飞驰，冬日微弱而和煦的阳光烘托出一路上最壮阔的自然景致，想象一下，在银色的森林中骑着一头机械野兽，这种感觉令人欲罢不能。在这里，赏极光、坐雪橇更是少不了的活动。而体验北极冰原最萌的方式，却是与一群哈士奇一起穿越白雪皑皑的森林。雪橇犬不但很可爱，而且跑得很快，它们是天生的北极圈奔跑能手。在专业人员的驾驭下，你可以体验在广袤原野上奔驰的快感。坐着狗拉雪橇穿行在林海雪原，在一望无际未受污染的森林，享受到的是那份天地间浑然一体的感觉。可爱的雪橇犬还可以将你带到木屋篝火旁，品尝野餐美味或者喝上一杯热腾腾的咖啡。乘坐狗拉雪橇是欣赏北极野外风光的独特方式，当跟随一群雪橇犬的带领穿越雪地时，真的有点驰骋在极地的原始风味。雪地摩托或雪橇犬，无论选择哪一种，都是探索白雪皑皑的冬季天地拉普兰的好方式。

[极光]

对很多人而言，亲眼目睹北极光时那种激动的心情是终生难忘的经历。在拉普兰，每年有 200 多个晚上都能看见北极光。

冰雪王国拉普兰，银色包裹这片欧洲最北的大陆，让人看不到一丝尘埃，所到之处全部都是广袤的森林、冰冻的湖泊和港湾，纯净雪白的旷野，璀璨的北极光悬挂天幕，闪着炫目而神秘的光芒，一切都像童话故事《冰雪奇缘》里的样子，美丽而安详。

据北欧传说，远古的拉普兰人经常与植物精灵接触，甚至相信精灵的植物能使生命短促的人类和精灵一样永葆青春。因此很早的时候拉普兰土著人就学会了提炼植物精华，保持青春童颜。

圣诞老人的童话梦工厂

圣诞老人村

圣诞老人村无处不留有圣诞老人的痕迹，是官方认可的圣诞老人故乡，圣诞老人是这里最出名的居民。坐落在北极圈上的圣诞老人村全年对外开放，每年吸引着30多万来自世界各地的游客来此拜访圣诞老人。

所在地：芬兰
特　点：一组木建筑群，圣诞老人邮政总局寄出的信件都会加盖圣诞老人邮局特有的北极圈邮戳，以驯鹿为代步工具

在芬兰的北部地区，有一个小城市罗瓦涅米被称为圣诞老人的故乡。闻名世界的圣诞老人村就位于罗瓦涅米以北8千米市郊边缘处的北极圈上，自成一隅。村子里有条北纬66°32′35″的线，是北极圈的分界线，过了这线以北的地方便属于北极范围，跨过这条线就可以得到一张跨越北极圈的证书。

［罗瓦涅米位置］

关于圣诞老人从哪里来，欧洲历史上有很多种传说，而所有传说最终却都汇聚在芬兰的罗瓦涅米。事实上，不少国家为了这个全世界家喻户晓的虚构人物到底从何而来也曾争论不休，后来直到联合国秘书长写给圣诞老人的信寄往了罗瓦涅米的，才算平息了这场争端，于是芬兰罗瓦涅米人迅速建起了圣诞老人村作为安顿职业圣诞老人的地方。

圣诞老人村是一组木建筑群，包括有正门的尖顶、餐厅、花圃、圣诞老人办公室、居所、邮局、购物商场、鹿园等。游人可走门串户，走累了到圣诞老人家去歇歇

[圣诞老人村]

脚，还可以与他交谈或合个影。在圣诞老人村的礼品店里，远道而来的游客可以买到带有芬兰特点而又设计精美的礼品，带回去馈赠亲朋好友。每年源源不断的游客从世界各地涌向这里，只为一睹圣诞老人的风采。无论是大人还是小孩，当和常常欢乐笑靥、两腮长满白胡子的圣诞老人一起合影时，看着北极圈里茫茫的林海雪原，欣赏着极夜里在白雪中点燃的点点烛光，无不兴高采烈，激动万分。

[圣诞邮局寄出的信件]

除了芬兰北极圈内的邮局，德国、芬兰、美国和加拿大等国也均设有圣诞邮局，圣诞前一个月，邮局的工作人员便开始以圣诞老人或圣婴的口吻回复来自世界各地的信件。

除了拜访圣诞老人，去圣诞老人的邮局寄一张来自北极圈的明信片给亲朋好友也是相当有意义的。从1985年至今，圣诞老人已经收到来自世界各地200多个国家的1500万封信，这也使得圣诞老人邮政总局成了前往圣诞老人村的游客的必去之地。邮局一年四季不停歇，正常营业，每一封从这里寄出的信件都会加盖圣诞老人邮局特有的北极圈邮戳，更显得这份信件的独一无二。

据北欧传说，远古的拉普兰人经常与植物精灵接触，甚至相信精灵的植物能使生命短促的人类和精灵一样永葆青春。因此很早的时候拉普兰土著人就学会了提炼植物精华，保持青春童颜。远古的美丽传说已无法考证，但拉普兰人护肤产品崇尚自然环保的传统精髓得以传承，并融入现代护肤产品工业之中。

[北极圈指示牌]

树立在广场上的明显的标志，这上面有到世界各大城市的距离，当然也可以找到距北京的距离。到北京的距离是 6680 千米。

圣诞老人村旁边有个以木栏围着的鹿园，里面有许多美丽的驯鹿。驯鹿是芬兰人最重要的生活伙伴，住在北极圈的芬兰人就以驯鹿为代步工具。在这里，人们可以享受搭乘驯鹿雪橇的快感，温顺而友好驯鹿们拖着鹿车在雪地上飞驰，让游客享受雪花扑面的快感，这快乐而温馨的场景，使得圣诞卡上的情景变成现实。

[驯鹿]

在这里，驯鹿不单单是圣诞老人的坐骑，同时它也是当地主要的食肉来源，若去到当地，一定要品尝一下非常有名的烤鹿肉。

在当地，一般年轻人是 1 月交换婚约，而在次年的 1 月，在集市的日子里结婚，以便在结婚典礼之后，举办喜宴款待客人。赴宴者视自己的能力赠送新郎、新娘金钱或驯鹿。新娘聘金由驯鹿代替。新郎新娘就以驯鹿群或接受的金钱开始自己的新生活。

这是一片充满着神话、传说和梦想的土地。银色包裹这片欧洲最北的土地，目之所及是一片白茫茫的新雪，在纯净的旷野上看不到一丝尘埃，人们可以和驯鹿一起相伴走过北极荒原，感受这片土地的安静美丽与祥和，似乎也只有这样的世界，才配得上圣诞老人。

世界上最大的冰雪城堡

凯米

自1996年起，芬兰的凯米市每年冬季都会建起一座规模宏大的冰雪城堡。这座纯白童话宫殿占地广阔，冰墙环绕，冰顶晶莹，有宽大的花园、露天小剧场、雕饰精美喷泉，还有一座教堂。在这里，冰是唯一的建筑资料。

所在地：芬兰
特　点：冰墙环绕，冰顶晶莹，有冰雪酒店、传统芬兰桑拿房、餐厅与酒吧以及冰雪教堂等……

凯米是濒临波的尼亚湾的一座海港小城，1996年作为凯米市和联合国儿童基金会送给全世界儿童的礼物——极富北极特色的冰雪城堡第一次展现在世人面前。自此，每年冬季都会建起一座规模宏大的冰雪城堡，这是目前世界上规模最大的城堡外形的冰雪艺术建筑。

像这样的从童话里走出来的冰雪城堡，只有在芬兰的凯米才能遇见。整座城堡只使用冰雪为支撑材料，其外观设计和冰雕展览每年都会依据主题变化而变化。但基本的构成元素被保留下来：冰雪酒店、传统芬兰桑拿房、餐厅与酒吧以及冰雪教堂等。在冰雪城堡开放期间，这里还会举办很多文艺活动，如城堡音乐节、伏特加节、拳击大赛、冰钓大赛等。此外，在冰雪城堡里还有大型的冰雕展览，取用海湾坚冰与积雪构筑的城堡拥有诸多令人赞叹的小细节，从栩栩如生的骏马冰雕，到宛如汉白玉雕花的门楣，晶莹透明到令人叹为观止。

在冰桌上用餐，雪屋中过夜，在冰与雪建造的教堂里举行婚礼，这一切在芬兰境内距北极圈仅90千米的凯米市冰雪城堡中都变成了现实。很多追求浪漫的情侣会选择来此实现自己的纯白婚礼梦，在晶莹剔透的教堂内，冰墙环绕，冰顶晶莹，冰床通透，恋人紧紧相拥，轻轻说着“我愿意”。

[雪堡]

在凯米，冰能给人们一个不受尘世污染的静谧空间，

[雪堡酒店内部]

所有的“建材”都是雪和来自凯米海湾的结冰，大型切割机将大块的结冰切割搬运来这里，艺术家们再快速创作。其实，这样的冰雪城堡真的来之不易，因为每一年天气都不同，如果遇到暖冬，那么建造的时间便非常有限：2008 年建造的时间是 24 天，2014 年更刷新了纪录，只用了 15 天。

雪堡酒吧应该是世界上最梦幻的酒吧了，所有的桌子都是冰制，当然凳子是木头，全部都铺上了兽皮。想象在这里喝上一杯，四周都是厚厚的雪墙美丽的雪雕，那么这 10 欧元一杯的啤酒，一定不能算昂贵。午餐 25 欧元，对消费极高的北欧来说，也并不过分。

能给人们一个只在童话中出现过的冰雪城堡。城堡里奇迹般的冰房、冰桌、冰凳、冰吧令人惊叹，晶莹透明的冰顶在灯光渲染之下泛出隐隐蓝色，一个个精雕细琢的冰桌前，不少游人正把酒言欢，经过特别加热的餐盘盛装着呈现于冰台上的美味佳肴，浓郁的艺术气息透过冰雪温暖人心。在冰雪城堡酒店的室内，设置有极光提醒装置，每当有极光预测发布，就会提醒在酒店内的客人到户外观赏极光。人们可以慢慢享用眼前的美妙晚餐，不用怕错过极光降临的精彩的瞬间。

除去如梦如幻的冰雪城堡，凯米还提供冰雪雕塑工作坊、冰原垂钓、雪地徒步等项目供游客选择。人们可以跟随当地的冰雕艺术家创作一个作品，也可以进行雪地徒步，穿上雪地靴踏上松软厚实的白雪，走进峡谷、山区，穿过狭窄的岩石隧道，入目即是如宝石般发着蓝绿色光芒的冰挂。

置身在凯米，无论是寻找北极光，抑或尝试狗拉雪橇或雪地徒步，或者追求一场浪漫而又独特的冰雪城堡之旅，拥有独具特色的生态环境和粗犷壮美的极地风光的凯米均可以满足！

Denmark polar beauty

5 丹麦极地美景

安徒生的故乡

欧登塞

儿时的我们，一边听着安徒生童话，一边陪着童话里的人物分享喜怒哀乐，在一个又一个趣味横生的安徒生童话里，品读着人心的善良与美好。而童话大师汉斯·克里斯蒂安·安徒生的故乡，就在丹麦欧登塞。

所在地：丹麦

特　点：面积迷你，交通方便，历史的厚重与童话的梦幻并存。随处可见的可爱剪纸玩偶及各种充满童心童趣细节……

[安徒生雕塑]

欧登塞在北欧神话里是“奥丁的神殿”之意，它是丹麦最古老的城市之一，也是丹麦的第三大城市，始建于公元988年，是哥本哈根通往日德兰半岛的必经之地。在中世纪，欧登塞曾是信仰的中心，云集着从四面八方前来朝圣的人，也吸引着无数丹麦的神职人员，那些古老的修道院和教堂都完好保存至今。

1805年，安徒生出生于这座小城的一户贫困之家，若干年后他成为了闻名于世的“童话文学之父”，欧登塞从此因他声名鹊起。

欧登塞虽然是一座迷你小城，却有着古朴精致的气质，就如同童话色彩里的城堡般存在着，一排排红砖灰瓦的小屋，是北欧建筑风貌典型的标志，建筑师用细碎的卵石或砖块铺就的路面，天然而整洁，简洁而有趣。欧登塞河静静穿城而过，河岸边花草丛生，树木郁葱，时间随光线涨落，勾画着一番岁月静好的模样。滋味悠长，置身其间，仿佛置身于古老的童话中。

在这座到处刻画着安徒生印记的小镇里，安徒生童话故事笔下的主角随处可见。在欧登塞有一座特意为纪念安徒生而建的童话般公园，这座公园是根据安徒生童话《野天鹅》雕塑而成的，园内有纪念安徒生的铜像，对着铜像有11只青铜天鹅，振翅翱翔在绿意茵茵的草坪之上。在商业区边的小街角，人们还会遇到了“皇帝的新衣”“小锡兵”等童话人物雕塑。也正是因为这些童话元素，当年毫不起眼的普通小镇每年都会涌进来自世界各地的游人。

沿着街道碎石路面上的安徒生的脚印，很容易就能找到安徒生博物馆。这个博物馆是在安徒生出生故居的基础上扩建而成的，坐落于欧登塞市中心的古城区，是世界上最古老的作家博物馆之一，开放于 1908 年。在这里，人们不仅能看到安徒生的原著手稿、剪纸作品，还能看到他与朋友的书信往来，以及在世界各地出版的安徒生童话集。

欧登塞最出名的就是安徒生故居博物馆，它曾三度扩建：第一次在 1930 年，为安徒生诞辰 125 周年；第二次在 1975 年，为安徒生逝世 100 周年；第三次扩建的新馆已于 2005 年安徒生 200 周年诞辰之际对外开放。

为纪念这位伟大的童话大师，每年 8 月份，欧登塞都会举行“汉斯·克里斯汀·安徒生”文化艺术节。整个节日庆典持续一周，童话剧演出、安徒生讲座、音乐会、艺术展、灯光特技表演等均是围绕安徒生展开的，上百个主题活动在街头巷尾登场，且大部分的活动都是免费对公众开放。

[安徒生故居博物馆]

安徒生博物馆共有陈列室 18 间。前 12 室基本上是按时间顺序介绍安徒生生平及其各时期作品。其中第 11 室是一个圆形大厅，建于 1930 年，环墙展示八幅大型壁画，系丹麦近代著名艺术家斯蒂文斯根据安徒生“我一生的童话”一书中几个有代表性的时期的主题而作。它们依次为：（1）安徒生童年时期住房；（2）1819 年安徒生告别母亲，离开故乡欧登塞赴哥本哈根；（3）1892 年安徒生参加考试；（4）安徒生前往意大利；（5）安徒生为好友考林一家朗读自己的作品；（6）安徒生和著名雕刻家托瓦尔森和戏剧家诗人奥伦斯莱厄在一起；（7）1864 年安徒生倾听詹妮的歌唱；（8）1876 年人们欢呼安徒生被欧登塞市授予荣誉市民称号。

坐落于欧登塞河畔的欧登塞动物园，拥有“欧洲最佳动物园”的美誉，始建于 1930 年。园内林木葱郁，从冰雪极地到热带雨林，美景一应俱全。在这里，人们不仅可以看到来自非洲的草原雄狮，还能看到来自南极的企鹅，甚至可以亲手喂长颈鹿，尽情享受自然野趣。

在世界上，大概没有比欧登塞更“文艺”更“童话”的地方了吧。就是这里，不知不觉中带领人们穿越时光，重返安徒生的时代。

橡木桩上的湖中城堡

伊埃斯科城堡

伊埃斯科城堡是一座有400多年历史的古堡，这座用丹麦传统红砖垒砌的高大城堡建在湖中，完全以水中的橡木桩为基础，屹立数百年而不倒，是欧洲保存最好的文艺复兴时期水上城堡之一。

所在地：丹麦

特　点：城堡以传统红砖砌成，橡木桩上的湖中城堡，有美丽的欧式庭院和郁郁葱葱的园林

伊埃斯科城堡（Egeskov Slot）是欧洲保存最完整的文艺复兴时期的水上城堡，名字是橡树林的意思，城堡的基桩用了一个森林的橡树，以此得名。

伊埃斯科城堡位于丹麦的第二大岛菲英岛的南部，建于1554年，拥有4座货真价实的花园迷宫，还有大小花园17个。城堡由两座长建筑组成，通过一道双层厚墙连接在一起，墙的厚度超过1米，里面藏有秘密的楼梯和一口水井。伊埃斯科在丹麦语中是橡树林之意，传说当年砍伐了一整片橡树森林建设通往城堡的橡木桩，于是城堡也以此命名。

伊埃斯科城堡以护城河、尖顶、骑士门厅而别具一格，历史悠久却活力四射，周边园林更是处处生机盎然。城堡外有美丽的欧式庭院和郁郁葱葱的园林，园林美妙如梦，倒映在湖面上犹如童话世界。走进城堡的大门，首先映入眼帘的是修建整齐的花园，花园内莺歌燕舞，花团锦簇。树林组成两道天然屏风，半露半掩着古堡。穿过一片树林，呈现于眼前的是一泓澄澈静谧的湖水，倒映着典雅而妩媚的城堡。

[伊埃斯科城堡]

走进古堡，里面设有游乐场、老爷车博物馆、玩偶博物馆等各种展览，以及云端树屋、踩高跷等趣味游戏，来访的客人既可一饱眼福，也可尽情玩耍。一层是狩猎室，曾是城堡主伯爵的书屋，长廊的墙壁上挂满了大大小小的猎物标

本，全是各种猎物的标本兽头：羚羊、鹿、狮子、牛、羊，有些许害怕又甚是为之惊艳。最具神秘诡异色彩的是放在城堡塔尖下的木偶娃娃。据说这个木偶娃娃已有几百岁的“高龄”，从城堡的建造之日起就有了它。古老的预言说：这个娃娃绝对不能从它的枕头上移开，否则城堡将在圣诞之夜沉入湖中。

关于伊埃斯科城堡的传奇，有一个最神秘的故事是：城堡中的木偶娃娃曾经被拿到哥本哈根去参加展览，结果刚拿走不久，城堡就出现了种种异常情况，城堡主只好通知展会方火速把娃娃送回来，放回到枕头上，城堡这才重现安宁。从此再没有人敢动这个木偶娃娃一下。

坐落其中的伊埃斯科城堡博物馆是堡主穷其一生收集的臻品，藏品主题独特，有大型古董飞机，罕见的限量版老爷车和摩托车，精致的玩偶娃娃和复古杂货，均完整地陈列在城堡之中。如果细心发掘，这里还有来自1899年的蒸汽车与华美礼服，端庄典雅；国王陛下的亲身座驾，华丽富贵；梦之宫殿木模型，每一样都妙不可言。

[城堡内的藏品]

走进古堡，一层是狩猎室。这间屋子曾是城堡主 Gregers Ahlefeldt-Laurvig-Bille 伯爵的书屋，他酷爱打猎，因此墙壁上挂满了大大小小的猎物标本。城堡主在此过着安逸舒适的生活，便将时间和精力都耗在享乐和各种收藏上了。

据说安徒生非常喜欢伊埃斯科城堡，曾多次造访。他对这里的园林美景青睐有加，称其为“菲英园林之最”。在他的著作《家禽格丽德的一家》里，便能找到来自伊埃斯科城堡的故事灵感，伊埃斯科城堡成就了大师的创意，而大师则成就了城堡的格调。城堡多次获得旅游大奖，在2012年曾获得年度“欧洲花园奖”以及“欧洲最佳古迹花园”称号，也被美国CNN提名为“世界12大经典园林”之一。后来又被全球著名权威旅游杂志评选为“欧洲最美丽的50个地方”之一。在这里，璀璨的城堡以及诗意的田园，甜蜜的臆想，一点一点地增添着人们对童话王国爱的味道，而伊埃斯科城堡就是那颗让幸福指数飙升的糖果。

世界上最快和最活跃的冰川

伊卢利萨特冰峡湾

北极圈以北，有一个蓝与白之间的多彩世界，岩石、冰和海洋构成的野性而优美的风景，随着流冰发出的美妙的声响，展现出难忘的自然奇观，这就是“世界上最快和最活跃的冰川”的伊卢利萨特冰峡湾。

所在地：丹麦

特　点：峡湾长约40千米，岩石、冰和海洋构成的野性而优美的风景，是一个蓝与白之间的多彩世界

格陵兰是丹麦王国的海外自治领土，领土大部分位于格陵兰岛上。

冰做的天堂

伊卢利萨特冰峡湾位于格陵兰西岸的中部，北极圈以北200千米。峡湾长约40千米，从格陵兰内陆冰帽向西流到接近伊卢利萨特市镇的迪斯科湾，被称为“世界上最快和最活跃的冰川”，并于2004年被列为联合国教科文组织世界遗产。

伊卢利萨特冰峡湾是格陵兰最著名的旅游胜地，也是世界上速度最快和最活跃的冰川，乘船穿梭在流冰上，惊险而又刺激。巨大的冰排以每天几十米的速度快速移动，时不时的冰峰就开始碎裂，巨大的冰块从冰川上撕裂后滑落下来，缓缓滑入冰河，那姿态既优美又让人悲伤。破裂的冰山流出大海后，初时顺着海流往北，再转向南，流入大西洋。滑落的冰山在冰峡湾的入口处停止运动，大大小小地散落在峡湾中，数量巨大，与停泊的

[伊卢利萨特冰川]

点点渔船形成鲜明的对比。在这里，你可以看到世界上独一无二的冰雪烟花，港口旁的大海里布满碎裂的冰块，折射出耀眼的光芒，恍若梦境。巨大的冰床和迅速移动的冰川发出独特的声音，又被冰山所覆盖，形成一个令人敬畏的自然现象，这是只有在伊卢利萨特冰峡湾和南极才能看到的现象。

伊卢利萨特在格陵兰语中是“冰山”的意思，这里拥有世界上最高的冰川，这里的冰山冰暴的场面十分壮观，吸引着众多的旅游者来此观看。而在这里，看冰山的最佳方式是乘船出海，看着绚丽阳光的色彩照耀在雪白冰山上，岸边那一座座彩色的木屋在视线中渐渐缩小，最终变成如儿童玩具积木般，带给人惊喜。蔚蓝的海面如同镶了许多小块水晶的镜子，周围是一座座巨大的冰山，令人震撼。如果想看冰雪世界，那么伊卢利萨特一定不会让你失望，它是整个格陵兰岛旅游者最多也较容易抵达的地方，几乎每一个到达伊卢利萨特的人都会去一睹伊卢利萨特冰川的震撼。

蓝与白之间的多彩世界

沿着伊卢利萨特海岸，巨大的冰山群在漂浮逗留，每一种天气、每一个时刻下的冰山都非常美丽，时时给人带来惊喜。白天徒步欣赏阳光下的白色冰川和宝石蓝冰雪融水，绝对是一次非凡的体验。彩色的房子与白雪形成鲜明的对比，阳光照耀在雪地上，闪耀着流光溢彩，使伊卢利萨特更加静谧梦幻。行走在这个童话般的地方上，处处都将给人带来惊喜。

如果天气允许，航拍爱好者可选乘直升机低空飞行到山川、湖泊和奔腾的溪流上方，来场高

根据北欧神话史诗萨迦的记载，红胡子埃里克森因为犯谋杀罪而从冰岛流亡至此。埃里克森一家及其奴隶向西北航行，以探寻传说中存在的陆地。当他在岛上定居下来后，便给该岛取名格陵兰（意即“绿色的土地”，Greenland），以吸引更多的移民（至少该岛南端的峡湾还是多草的）。他的这一妙计果然成功，北欧移民也能和新来的因纽特人和睦相处。

[童话般的川边房屋]

因纽特人定居在冰峡湾地带已经有最少 3000 年历史。自古以来，格陵兰就是一个神话的领域。探险家们从冰雪的北方带来各种光怪陆离的传说：长毛的小矮人、有魔力的独角兽、冰的故乡……这座遥远的岛屿成了所有幻想与神秘的源泉。从古罗马的维吉尔到美国的朗费罗，格陵兰总是最优美的诗篇；从古老的北欧民谣到 70 年代的摇滚乐队，冰雪中的故事已被无数人传唱。甚至高度发达的现代科学也无法使这些神话失去光芒。格陵兰依然保持着神秘的姿态：炫目的极光、无垠的苔原、闪烁的冰柱、诡异的冰山以及近乎极限的寒冷和几乎不开口说话的因纽特人。

[彩色房屋和狗]

从前的因纽特人信奉巫术。在他们生活的自建冰屋之外，是严酷的自然，阴郁的冬天，以及十级的暴风骤雨，人们窝在屋中仅靠油灯和体热去取暖，便有了更多去传颂这些神话故事的机会。

伊卢利萨特的夏天总是充斥着鱼的气味和雪橇犬的吠声。不过，若是呆在北极酒店那种圆顶小屋里，你就会感觉像是处于另一片天地中。小屋是铝制的框架，带有舷窗，温暖舒适。不过这些圆顶小屋只会在5—9月间开放。在5月19日入住的游客若是在凌晨1点38分望向迪斯科湾（Disko Bay）的冰川，就可以看到准时升起的太阳。

大上的空中视觉盛宴。不过，在极昼的午夜巡游于冰山之间绝对是一种更为独特梦幻的体验，会让人毕生难忘。在伊卢利萨特冰峡湾，大约从每年的五月中到七月中这近两个月的时间可以观赏到日不落的自然奇观，搭乘轮船游走于壮丽的伊卢利萨特冰峡湾之中，在午夜的阳光下，光线在冰山上投射出独特的光晕，那种美简直无法言喻，美得令人惊叹，美得足够让迷恋永恒的人们荡气回肠。除此之外，游人们来此还可以进行狗拉雪橇、观鲸、冰谷徒步、坐船看冰山等游玩项目，每一样选择都值得探险爱好者和摄影爱好者来此一观。更梦幻的是，人们还可以在这里观赏冬季最炫丽舞动的色彩——极光，也可以欣赏夏季最如诗如画的景致——午夜太阳。一切的一切，都是令人感动满怀的梦幻旅程。

游人们看完美得令人震撼的冰川之后，还可以休憩品尝当地的传统特色美食——水煮海豹肉。海豹的肉和脂肪含有很丰富的营养物质，在极寒地区人们由于蔬菜和水果的匮乏而带来的营养不足，都可从食用海豹肉中得到充足的营养补充。

蓝天、盖着雪被的山、彩色的小木屋、冒着白烟儿的烟囱，伊卢利萨特像是一个至纯至净的童话世界。

最孤独的童话世界

格陵兰

彩色的房子散落在辽阔的雪白大地，冰山四处漂泊，皑皑白雪覆盖着整座格陵兰岛，舞动的极光、漂浮的巨大冰山、流动的极地风光悠远而孤寂，宁静纯洁，似乎总让人无法定格在同一个瞬间，每一刻每一处都让人回味无穷。

所在地：丹麦
特　点：彩色的房子散落在辽阔的雪白大地，舞动的极光、漂浮的巨大冰山、流动的极地风光悠远而孤寂

冰封的岛国

格陵兰是世界上最大的岛，位于北美洲东北，北冰洋与大西洋之间，海岸线全长35000多千米，大部分地区都是千里冰封万里雪飘的蛮荒之地。格陵兰是冰雪的王国，千里冰冻，银装素裹，而千姿百态的冰山与冰川，也成为了格陵兰的奇景。这里景色壮绝，周边峡湾深邃、雪山冰川绵延。

从高空俯瞰格陵兰岛，高耸的山脉、庞大的蓝绿色冰山、壮丽的峡湾以及贫瘠而裸露的岩石组成了一大片辽阔空旷的荒野，偶尔有参差不齐的黑色山峰穿透白色

[格陵兰]

[格陵兰岛]

这个如梦似幻的岛屿还同时拥有着好几项世界之最的头衔，如世界第一大岛屿、世界第二大冰原等，储存了世界30%的淡水。但是这些头衔吸引不了很多人类前往居住，因为它每年有4个月时间是冰封的，平均温度0℃以下。日照时间很短，没有树木，只有一些矮小植物，不能耕种，因此格陵兰经济还需要丹麦政府补助。

由于格陵兰全境大部分地区位于北极圈以内，气候严寒、狂风凛冽。格陵兰年平均温度低于零度，夏季温度也很少超过10℃，该岛北端历史最低气温为-70℃。

炫目而且无限延伸着的冰原。但事实上，在格陵兰的夏天，海岸附近的草甸会盛开彩色的花，簇拥着色彩斑斓的木屋，还有翠绿的山地木岑和桦树与周围漂浮的冰山形成了鲜明的对比，海面上漂浮的冰山点缀着蓝色的峡湾，恍若仙境。不过，在85%的地面覆盖着道道冰川与厚重的冰山的格陵兰，只有少量地区有树木和绿地。这里最多的还是浮冰峡湾、荒芜山脉、村落极光。这鬼斧神工的荒原地貌以及惟妙惟肖的峡湾浮冰，吸引了无数的探险者和旅游者来此探访。

很多人的格陵兰之旅要从破冰船开始。游人乘船出发，船头划开冰层、冰碴，站在甲板上能听到延续不断“隆隆隆隆”的冰川崩塌的声音，时而有巨大的冰块从冰川表面轰然崩落，激起的水波随着海面的薄冰层剧烈起伏，整艘船也随着水波上下晃动，其震撼也只有亲身经历的人才能体会到。

如果格陵兰岛西部是“繁华与都市”的代名词，那么东部格陵兰岛旅程永恒的主题和亮点就是幽深而突兀的峡湾里隐藏着无数巨大的浮冰和冰川。这里拥有崎岖而深邃的峡湾，裸露而突兀的大理石山岳，雪水融化形成的涓涓细流，清澈见底的高山湖泊，越是险峻的地方风景越是美得不可方物。如果天气晴朗，摄影爱好者可以在此拍摄村镇、海湾、高山和浮冰的壮丽景象，这是一个值得到此一游的世界尽头。

别样的朝升暮落

极昼和极夜现象是格陵兰最为常见的特有现象，每到冬季便有持续数个月的极夜，而在夏季则终日头顶艳阳，格陵兰成为日不落岛。

[格陵兰岛北极光]
格陵兰岛是观赏北极光的理想地点，这里全年都有极光，但是夏天的午夜是看不到的。对大多数游客来说，这里是能观看到极光的边界地区。

格陵兰大部分位于北极圈以北，因此在漫长的冬季看不见太阳。于是冬日的格陵兰被极夜所笼罩，连续三四个月没有白天，没有太阳。这里有石头搭建的 30 多平方米的石屋，这种房子是因纽特人的冬季屋。他们连续几个月都会待在里面，吃夏天备好的鱼干和鲸肉，抱团取暖度过漫漫极寒时光。不管是人还是动物都放慢了活动节奏，以冬眠的状态体悟生命的本真。如果运气好，人们会看到格陵兰上空偶尔出现的色彩绚丽的北极光，它时而如五彩缤纷的焰火喷射天空，时而如手执彩绸的仙女翩翩起舞，一会儿呈现带状、弧状，一会儿又是幕状、放射状，变幻莫测，给格陵兰的夜空带来一派生气，美得令人窒息。

而每年的3月底4月初，久违的太阳慢慢“露脸”，海上的冰渐渐融化，格陵兰会迎来大量来此繁殖的鸟类，许多植物也生长旺盛。到盛夏时节，太阳在地平线上徘徊，终不落下，北极的一天从不结束，每座格陵兰的城市都变成真真正正的不夜城。在这里，人们常常会忘记时间的存在。这里有着因纽特人特有的彩色民居和海湾，有着现代生活的学校、商场、警察、邮局和电话局，甚至还有酒店、民俗、咖啡厅和手工艺品工厂。夏日里，翠绿的山谷与周围漂浮的冰山对比鲜明，人们生活悠闲惬意，山野花香簇拥着色彩斑斓的木屋，海面上漂浮的冰山点缀着蓝色的峡湾。

[卡萨斯库]

在格陵兰的首都努克，在每一栋建筑前面都能发现一座卡萨斯库的雕像，如今大学毕业的新生围着雕像舞蹈已经变成了格陵兰岛的一个传统习俗。卡萨斯库的故事发生在他和巨人之间，卡萨斯库曾经因受到了大自然的惩罚变成了一个有着大鼻孔样貌的怪物，还有后来他的种种奇遇……

盛夏时节也是格陵兰最生机勃勃的日子，一改它原始荒凉的本来面目，草儿在日光下疯长，花朵在漫山遍野的新绿之间恣意绽放。北极绒遍地绽放，每一棵都顶着一个小小的绒球，花花点点，白色一片，像是散落在苔原上的无数珍珠。

极地格陵兰有着它独特的荒芜而又峻拔的躯体，吸引了无数的荒野徒步爱好者来此探索亲近美丽的原生态。

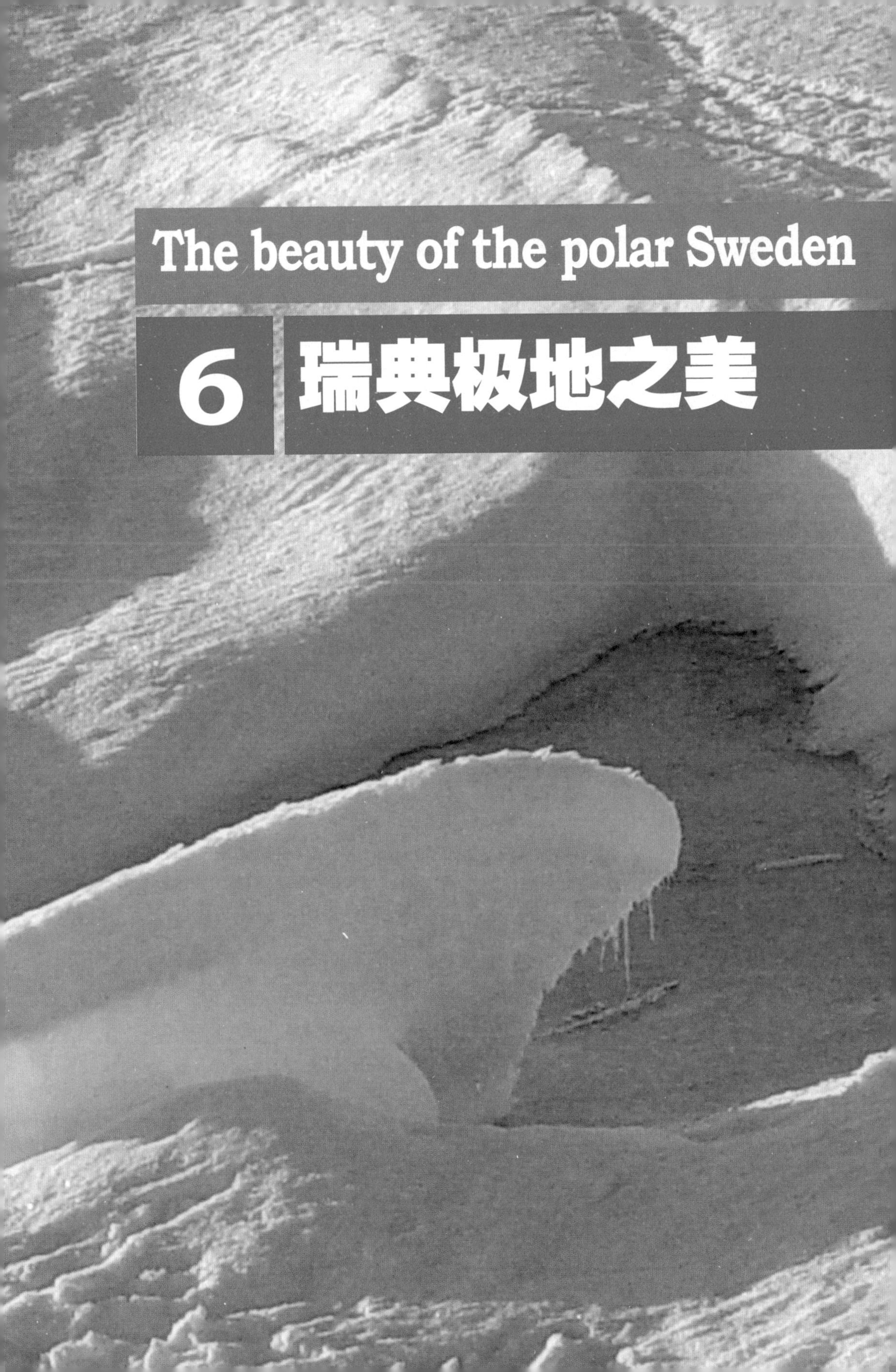

The beauty of the polar Sweden

6 瑞典极地之美

瑞典皇室的第一个家

西格图纳小镇

蜿蜒的街，错落的房，辉煌的瑞典王国从西格图纳小镇开始。矮木屋、石砖路、童话般斑斓的色块，小镇里有着所有关于中世纪古镇最完美的搭配，这里是瑞典最有历史，最古老的城镇。

所在地：瑞典

特　点：有上千年的悠久历史，瑞典的首任国王在此宣誓加冕，瑞典的第一枚硬币在此被印刻出来，建筑都保留有18世纪的风貌

西格图纳小镇是瑞典的第一个旧京城，其常住人口不到1万人。早在“海岛之城”斯德哥尔摩成为瑞典都城之前，美丽悠闲的西格图纳小镇就成为了瑞典国王宣誓加冕的第一城，被称为瑞典皇室的第一个家。一千年以来这里都是人流和文化交融的地方，古老的城镇和一千年的行人道，以及4个城堡至今都依然保存完好，这里的人们每天都生活在悠久历史与现代文明的交融之中。

小镇虽小，却掩盖不了它上千年的悠久历史。如今，在遍布小镇的小木楼和手工艺作坊中，在保存完好活灵活现的最漂亮的宫殿前，在汇聚了无数咖啡馆与精品店的古朴街道里，仍能恍惚看到它18世纪盛极一时的风貌。

西格图纳坐落在梅拉伦湖畔，美丽的梅拉伦湖波平如镜，游艇林立，游人可以在这里享受阳光和空气的沐浴，仰望蓝天，欣赏湖光水色。小镇里最负盛名的“老奶奶咖啡屋”，室内仍保留着17世纪的家居风格，店里的巧克力屡获国际嘉奖，值得来这里大开味蕾。瑞典最古老的“大街”宁静而安详，两旁是古朴简约的木建筑，楼高不过两层，大多是餐馆及手工艺商店。漫步其中，仿佛进入时光隧道，回到了千年前中世纪古镇游走。

[西格图纳]

1000年前，英勇的帝王、维京的海盗和商人们，就在西格图纳的大街上交手，西格图纳博物馆里镌刻着北欧古文字的石头，足以证明它的悠久历史。

世界上最大的冰建筑物

冰旅馆

在瑞典有一家由冰雪堆砌、雕刻而成的旅馆这就是冰旅馆。瑞典冰旅馆是童话般的存在，是一座名副其实的“冰堡”，人们可以在如梦似幻的北极光下，置身于晶莹剔透的冰雪宫殿中，在温暖的驯鹿皮上悠然入睡……

冰旅馆位于瑞典尤卡斯耶尔维，是世界上最大的冰建筑物，室内总面积为5000平方米，它的建筑主体、睡床、桌椅、柜子、雕塑都由冰雪建成，晶莹剔透，宛若童话世界。春天，旅馆在阳光下变成潺潺冰雪，缓缓地流回它最初来的地方。冬天，这里又构建起一座新的梦幻王国。

所在地：瑞典

特　点：全部由冰雪堆砌、雕刻而成，晶莹剔透，是世界上最大的冰建筑物

冰旅馆主要由两部分组成：一半是有热水有暖气的正常度假小木屋；一半是完全以冰块打造、紧邻河川的冰旅馆，共有60个完全以冰块打造的房间，在室内气温 −5℃、室外温度是 −40℃的环境下，寝床上只提供一层厚厚的驯鹿皮。对于那些曾在北极光下的冰雪之床上酣然入睡的房客们来说，这次童话般的经历也将成为他们记忆里的绝版旅程。

目前，这座冰旅馆以冰雕、电影院、桑拿浴和冰吧为主要特色，还设有世界上独一无二的冰制祈祷室。入住其中，一切都令人惊异。套房、休息室、房间支柱以及可点威士忌的著名冰酒吧，都采用冰块作为主要建筑材料。每件冰雕物品都泛着浅蓝色的光，让人仿佛置身于冰河之中。

在午夜时分，人们可见证大自然极具魅力的表演：北极光降临。蓝色和绿色的宇宙气流奔腾而出，构成一幅极其美丽的发光帷幕。

[冰旅馆]

在过去5年中，冰旅馆每年12月修缮一次，面积逐年增加。目前这座旅馆以冰雕、电影院、桑拿浴和冰吧为特色，还设有世界上独一无二的冰制祈祷室。在登记入住冰旅馆之时，工作人员会为你提供全套冬装。当然了，保留一丝寒意还是非常值得的，因为这毕竟是一个冰屋，否认就失去了情调。

北方的威尼斯

斯德哥尔摩

作为瑞典首都，斯德哥尔摩不仅风景秀丽，有皇室的宫殿，也有被70余座桥梁相连的十几个岛屿，市内高楼林立，古今建筑相映成趣，海水波荡漾，水面上风帆点点，有“北方威尼斯”之称。

所在地：瑞典

特　点：一片极富童话色彩的土地，有被70余座桥梁相连的十几个岛屿，被称为“北方威尼斯”

复古与活力的北欧明珠

斯德哥尔摩位于波罗的海西岸，是北欧之国瑞典的首都，又被亲切地称为斯京。湖泊、森林、岛屿、线条冷峻简约的建筑与大气磅礴的宫殿、无处不在的雕塑与公共艺术……这里的风景迷人，是著名的旅游胜地，络绎不绝的游客来到这座迷人的城市一赏它的精致与别样风采，以及沉静且耐人寻味的美。

斯德哥尔摩是北欧的第二大城市，也是一片极富童话色彩的土地。市区分布在14个岛屿和一个半岛上，70余座桥梁将这些岛屿联为一体，游艇穿梭往来于市区的各岛之间，这里有传统的古城风貌、巍峨的王宫、文艺复兴时期的教堂、五颜六色的时尚街区以及充满艺术气息的地铁站……

[王宫]

王宫始建于中世纪，最早是一个军事堡垒，17世纪末期经过逐步改造、扩建，成了今日的王宫。如今王室已经搬出到郊外的皇后岛宫，但斯德哥尔摩王宫仍是瑞典国王的官方居所。

斯德哥尔摩市政厅被认为是斯德哥尔摩的象征，它是一座庞大的红砖建筑物，濒临梅拉伦湖，其右侧是一高达105米的尖塔，可以将斯德哥尔摩的14个岛及众多旖旎风光尽收眼底。老城是斯德哥尔摩的魂魄，石板路和彩色的房子交相辉映，卷着边儿的铁艺招牌，饱经风霜的房屋，时间在这里仿佛凝固，漫步其中仿佛游走在中世纪的时间。

“口”字形四四方方且雄伟高大、金碧辉煌的瑞典王宫位于中央广场旁，王宫的教堂、国家厅和宴会厅陈

[王宫前的礼炮]

[市政厅]

市政厅由被称为“怪才”的瑞典民族浪漫运动的启蒙大师、著名建筑师拉格纳尔·奥斯特伯格设计，它建于1911年，两年后落成启用。市政厅周围广场宽阔、绿树繁花、喷泉雕塑点缀其间，加上波光粼粼湖水的衬映，景色典雅、秀美。建筑两边临水，一座巍然矗立着的塔楼，与沿水面展开的裙房形成强烈的对比，加之装饰性很强的纵向长条窗，整个建筑犹如一艘航行中的大船，宏伟壮丽。

设如旧，让人依稀可见昔日王室的显赫权势，至今还全部保留着它那迷人的中世纪建筑群的古老风貌，其恢弘的气魄绝不辜负瑞典“北方雄狮”的盛名。

斯德哥尔摩大教堂也称为“圣尼古拉教堂”，红砖粉墙贯穿整个内部装饰，古老的建筑透着“小清新”的气质，素雅而不失庄重，更像一座古朴的庭院，它是瑞典砖砌哥特式建筑，是举行国王加冕和皇家婚礼的地方。

南岛是斯德哥尔摩最具活力的地区，这里拥有全世界最顶尖的博物馆与美术馆，随处可见独具特色的艺术画廊、书店、二手古董店、设计公司及艺术工作室。这座城市的设计师们将艺术、设计与对环境的思考完美融合，很多建筑与周边自然环境的和谐共生，将自然建材运用得淋漓尽致。

瑞典人把斯德哥尔摩市政厅当做是自己的骄傲，因为它不仅是这个国家乃至整个北欧的标志性建筑，还是每年举行诺贝尔晚宴的地方。但奇怪的是，瑞典人却从未出版过一本专门介绍斯德哥尔摩市政厅的摄影集。问起原因，瑞典人回答说，他们对市政厅太熟悉了，专门拍摄一个影集毫无必要。直到最近一本叫《未知之美》摄影集的出版改变了这种看法。

地下艺术长廊：地铁站

斯德哥尔摩居民最引以为傲的还是这里的地铁站。地铁站于1950年开始运行，全长达110千米。设计师与建筑师们把艺术带入地下，把地铁站变成一间一间的美术馆，100多个站台独立装饰，每个站看上去都像是地下的岩洞，仿若一座地铁迷宫，每个第一次来到这里的游客都会被这条“地下艺术长廊”所惊艳。

[蓝线 -T-centralen]

T-centralen 平时每天大约有 22 万乘客进出。蓝线站厅的墙和顶几乎都是蓝色，在交通节点处绘有海底意象的壁画，如藤蔓般的植物图案从过厅周边向上生长，叶片有的硬朗有的柔美，枝条有的单根有的重叠。

[蓝线 -Kungsträdgården]

Kungsträdgården 站周围有皇家花园、皇家歌剧院等很多名胜古迹，所以艺术家将这座车站变成了描绘国王花园历史的地下花园。地下站厅通过雕塑、浮雕、铁艺等多种手段来传达历史信息。

各种颜色、各种图案、各种风格的装饰，构成了这条世界上独一无二的艺术长廊，被唤为“Tunnelbana”的瑞典地铁，不但装载着充满审美情趣的北欧人民，也装载着无尽的创造力。

斯德哥尔摩地铁堪称是世界上最长的艺术博物馆：从 20 世纪 50 年代到 21 世纪的雕塑、油画、壁画、浮雕以及装置艺术，规模宏大、变化多样，从 2004 年起，地铁站不仅使用静态的画面和雕刻装点，甚至一些艺术影片也被呈现于此。

目前在全城 100 个地铁营运站点中，有 90% 的站点已被艺术所覆盖，分别由 150 位艺术家用雕塑、马赛克砖、画作及装置艺术等精心装饰，每一个地铁站点都是一道独具特色的风景线。各不相同的色彩效果把每个站台的个性突出得淋漓尽致，也丰富了乘客的旅途体验。

在众多风格独特的地铁站点中，最著名的是国王花园地铁站。它的风格是森林主题，墙壁被装修成石灰岩的样子，凹凸不平。站台中间有株绿色的“大树”，地面则是绿、白、红长条状地砖，绿色条纹象征巴洛克式绿色花园；红色代表碎石小路；白色则是代表曾经放置在 Makalos 宫殿的大理石雕像。这个站台内甚至还保存着旧时斯德哥尔摩 Makalos 宫殿遗址，看起来就像是考古挖掘现场。

而 T-Centralen 站则是地铁线最忙碌的一站，此站的主题是古代雅典奥运会，墙上是蓝色橄榄叶图案，出站口和滚梯附近还有当时参与建造的工人的图案。

在斯德哥尔摩，地铁站采用的是爆破式凿洞开采方法，因此很多地铁站都犹如“原始”山洞。而每个建筑师在设计地铁站时，却保留了原始岩石洞的空间特点，并充分考虑了建筑与周边自然环境的和谐共生。因此不论是山洞还是大厅式站台，站台的主体空间都与周边的地域文化相映成趣，都有一个独特的主题设计。

Argentina polar beauty

7 阿根廷极地美景

南极梦的开端

乌斯怀亚

绵延的皑皑雪山，船帆片片的港湾，依山傍水色彩绚丽的小镇，山顶常年积雪山下的森林却郁郁葱葱的雪山，还有在天空中自由飞翔着的黑眉信天翁、海燕、海鸥等海鸟，这里就是南极梦的开端——乌斯怀亚。

所在地：阿根廷

特　点：地球上最靠南的城市，依山傍水，正面对着比格尔水道，穿过水道出来，经过德雷克海峡便可以到达南极

乌斯怀亚城不大，战略位置十分重要，它扼守着比格尔海峡的咽喉，湾内水深湾阔，是理想的避风港，阿根廷海军在这里建有基地。

世界的尽头

位于阿根廷的乌斯怀亚，坐落在南半球的顶端、火地岛南海岸，是火地岛地区的首府，是地球上最南端的城市，同时也是世界的尽头。它北靠安第斯山脉，面对连接大西洋、太平洋的比格尔水道，若是穿过水道出来，再经过德雷克海峡便可以到达无人居住的冰封南极。这里是无数人南极梦的开端。

乌斯怀亚三面环山，有雪山、森林、小木屋、港口海岸，清新怡人。这里最具特色也最多的是小木屋，它们或简约，或朴素，或色彩艳丽，懂得生活的木屋主人会在房前屋后种植各种各样的绿植和鲜花，让人仿若置身于童话般的春天里。这里的街道不是很宽，但却十分干净，道路两旁树木葱葱，小草茵茵，路口处有写着西班牙文的道路指示牌，艺术感十足。辽阔的天空中还有自由飞翔着的黑眉信天翁、海燕、海鸥等海鸟。这样一个宁静安详的小城，只有几条纵横交错的街道，兜兜转转，一下午的时光就可以逛完。小城的路上，大都是实用性较强的小排量汽车，再加上这里特殊的地理位置，与南极洲隔海相望，因此吸引了数不胜数的喜欢户外运动的游客前来此地骑车、徒步、露营等，这里还拥有世界最南端的高尔夫球场。

[乌斯怀亚位置]

乌斯怀亚就是这样一个别致、美丽的小城，它依山面海而建。大山青葱，以博大的胸怀拥抱着五颜六色的房屋；海水蔚蓝，用曼妙的音乐为超然安逸的生活伴奏。远山白雪皑皑，与蔚蓝的大海、碧蓝的天空、山下翠绿的树木和彩色的小屋，组成了一幅美丽的画。但这里的气候也变幻莫测，前一秒或许还是阳光明媚，没过多久就会乌云密布，一场疾雨骤至，然后转眼又会雨后天晴，因而彩虹时常高挂天空，天边的冰雹也是说来就来，天气十足的喜怒无常。

[乌斯怀亚小镇]

城市依山傍水，北靠白雪盖顶的安第斯山脉，面对连接两大洋的比格尔海峡。缓坡而建、色调不同的各种建筑，坐落在波光粼粼的比格尔水道和青山白雪之间，郁郁葱葱的山坡和巍峨洁白的雪山交相辉映，让这里的景致美不胜收。

南极梦，从乌斯怀亚起航

如果真正抵达乌斯怀亚，或许你会有一种处于童话中的静谧之感。蓝天、雪山、云气、森林、尖顶、红瓦与波光跃动的港湾是乌斯怀亚的主要元素，这些交织在一起，就构成了一幅静谧绝美的画图。乌斯怀亚，在当地土著部落亚马纳语中是“向西深入的海湾”的意思。

许多梦想浪迹天涯的背包客到乌斯怀亚，只为等一张到南极的船票。在这片

[乌斯怀亚的监狱文化]

乌斯怀亚的离岛上建有一座监狱，是政府在原本阴气十足的乌斯怀亚监狱原址上建造的，里面充满了艺术气息，监狱内，最大限度地保留了昔日的环境和设施，并陈列着监狱生活、著名囚犯等老照片。旁边还建有海事博物馆：展出部分欧洲人南极探险使用的船只模型、器械设备、文件证书等实物。

[世界尽头的火车站]

从乌斯怀亚出发 8 千米。来到火地岛南部世界尽头火车站，这是一条 60 厘米宽的窄轨铁路，修于 1829 年，当年将流放到此的囚徒拉进森林伐木，火车站为运输木材而建。现在小火车装修一新，作为观光列车。

辽阔而苍茫的土地上，山脉白雪皑皑，苔藓和地衣铺满整个寒冷的大地，湖泊如碧绿的宝石镶嵌在棕褐色的冻土里，让人无法忽视这强烈的南极气息。这里到处都是“世界尽头”：世界尽头的港湾、世界尽头的银行、世界尽头的火车站、世界尽头的邮局……

比格尔水道在乌斯怀亚这个小城形成一个大海湾，距南极半岛仅 1000 千米远，这里是南极科学家不可缺少的补给基地。这里还有一座红白相间的灯塔，它是南美大陆最后的一座灯塔。从这里起航，经过德雷克海峡，在劲风常吹、黝黑不见底的海水上航行两天，便可以抵

达南极。这里还有地球最南端的邮局，邮局在由海边沙滩延伸到海里的小木栈道上，出售印有“世界尽头邮政”字样的明信片，可以邮寄到世界各地。除了令人心驰神往的南极游，乌斯怀亚还有一座马尔维纳斯广场，用以纪念在马尔维纳斯群岛战役中逝去的亡魂，广场上有一团不灭的火，还有一些记录历史的照片。阿根廷著名的国家湿地公园——拉帕塔亚也位于乌斯怀亚附近，这里长时间处于干旱严冬，但树木葱茏，没有砍伐，一切尽皆自然。乌斯怀亚每年还都吸引了来自世界各地的豪华游艇和帆船来港口停泊游玩，人们似乎都喜欢在“世界的天涯海角”寻找“世外桃源”的体验。

乌斯怀亚背山面海，领五洲，衔远山，通南极，虽名为“世界之尽头”，而实为“世界之开端”。从乌斯怀亚起航，经过德雷克海峡，再穿越传说中的魔鬼西风带，便可以去到梦境般的冰雪世界——南极。

[世界尽头的银行]

乌斯怀亚还有一家银行，这是世界上第一家在南极设立的金融机构。尽管在经营的内容上没有什么不同，但很多游客喜欢在这里留影纪念。

真正的天涯海角

火地岛国家公园

火地岛于1520年被航海家麦哲伦发现，他上岛时首先看到的就是居民在岛上燃起的堆堆篝火，于是将此岛命名为“火地岛”。此后达尔文又特意来此考察了火地岛，自此该岛名声大振。因其位于南美洲的最南端，有地球的尽头之称。

所在地：阿根廷
特　点：地域特殊，拥有神奇的自然原始风貌景观，冰川奇形怪状，雪山重峦叠嶂，湖泊星罗棋布

从阿根廷去南极，火地岛是必经之地。火地岛面积约48700平方千米，位于南美洲的最南端，虽靠近极地，却是树林茂盛，丰富多彩。1881年智利和阿根廷划定边界，自此东部属阿根廷，西部属智利。近年来，每到南半球的夏天，从世界各地前来旅游的人络绎不绝。

火地岛国家公园位于阿根廷火地岛省，是世界最南端的国家公园，地域特殊，拥有神奇的自然保留地，原始的自然景观、溪流、湖泊、森林和海岸应有尽有，这是真正的世界尽头。这里距离南极仅有800千米，因此被称为南极探险游的第一门户，也是世界各国家南极考察的后方基地，被科考队员盛赞为“世界的天涯海角”。

这个三角形的群岛被麦哲伦海峡和南大西洋重重包围，冰川奇形怪状，雪山重峦叠嶂，湖泊星罗棋布，与世隔绝而又神奇绮丽，对于真正喜爱探险的人来说，火地岛是一片不能错过的必去之地。

去火地岛国家公园旅游的最佳时间为冬季和夏季。岛上动植物资源丰富，有不怕人的海豹和企鹅，也有优良品种的羊和众多灵活的野兔，茂盛的山毛榉树则是构成森林的主体。

徒步国家公园之内，沿途可以看到异常美丽的景色，淙淙的冰水从高耸的雪山上潺潺流下，奔腾不息，跃过草甸、树丛和溪涧，给静谧的山林带来无限欢欣畅快的

[南极唯一的原始森林]

这里是安第斯山脉最南端的余脉，连绵起伏的群山从东北向西南贯穿公园，山间是被冰川切割而成的峡谷、河流和湖泊。山坡上覆盖着郁郁葱葱的原始森林，这里的原始森林处于独特的地理环境，紧靠着海岸线，是世界上最南边的森林，也是唯一一片属于次南极地区的原始森林，为了保护好这片森林，阿根廷政府于1960年设立了这个面积达63000公顷的国家公园。

[火地岛国家公园]

公园入口处有一座圆木搭起的牌楼，正面是用西班牙文写的“火地岛国家公园”，背后一行字为“认识祖国是你的义务”。

气息。公园入口处有一座圆木搭起的牌楼，正面是用西班牙文写的“火地岛国家公园”，背后一行字为“认识祖国是你的义务”。在公园里，还保存着过去犯人伐木时运输用的火车站和小火车，这也是世界最南端的火车站。如今的火车站已经改成博物馆，里面的服务员居然是一副犯人的装扮，穿着当时的囚服走来走去，很热情，也很滑稽，因此在这里乘坐小火车游览也成为极具特色的旅游项目。

火地岛国家公园的雪线很低，年均温低于 10℃，这里极地风光无限，景色迷人，处处充满着奇妙色彩。公园里最大的法尼亚诺冰川湖方圆数百平方千米，周围森林密布、群山环绕，湖水清且静，风光秀美。火地岛南面的比格尔海峡一带，时常有巨型而珍贵的蓝鲸出没。此外，火地岛上土著奥那族人的流浪式生活和风俗也独具特色。火地岛上的建筑多是两三层，五颜六色，造型各异，庭院里开满了各种各样色彩斑斓的鲜花。这里沿街都是卖各式纪念品的商店，企鹅形象是这里不可替代的主角。

[火地岛国家公园内小火车的线路]

独特的窄轨小火车，早年用来运送流放犯人和他们砍伐的木头，如今拉着游客，沿着一条弯曲的河流，随着当年囚犯去伐木建房的足迹，进入火地岛国家公园。

在火地岛国家公园，沼泽、湖泊、草原、森林、雪峰、冰川点缀其间，组成了一幅幅美丽的画卷，再加上特殊的地域、神奇的自然和人文景观，吸引了无数来自世界各地的旅游者来此观光。

南极洲的“魔海”

威德尔海

置身威德尔海中，至纯至净的蓝与白、天与地、人与自然间，静谧到让人无法言语，透过发出蓝宝石光泽的浮冰，可以观赏到众多体型硕大的鲸鱼，纯净与大美之中藏着惊险，让人震撼至无法呼吸。

所在地：阿根廷

特　点：海面上漂浮着巨大且成群的流冰、美丽的极光和变幻莫测的海市蜃楼、成群的鲸鱼等都是威德尔海惊险又惊艳的特质

威德尔海位于南极半岛和科茨地之间，是大西洋最南端的属海，深入南极大陆海岸，形成凹入的三角形大海湾。1823 年英国航海家詹姆斯·威德尔首先发现此海，因此以他的名字命名。之所以称其为“魔海”，是因为船只行驶在威德尔海非常危险，让许多探险家都闻之色变。

威德尔海的魔力首先表现在巨大且成群的流冰上，海面上漂浮着大大小小形状各异的冰山，经常会出现大片大片的流冰群，首尾相接，连成一片，有的冰山高达一两百米，来往船只只能在冰群的缝隙中航行，异常危险。流冰是漂动的，很可能会撞上船只，船只会被撞坏或者被撞入“死胡同”中永远无法驶出。

其次，美丽的极光和变幻莫测的海市蜃楼对行驶于威德尔海的船只也有影响。极光和海市蜃楼使人们仿佛身处幻境，既感到神秘美丽，又感到胆战心惊。有时航行的船只会突然发现四周出现冰壁将自己包围，正当船员惊慌失措时，冰壁突然又消失了，船只依然能畅通无阻。

[威德尔海]

最后，聚集在威德尔海成群的鲸鱼也会影响船只的航行。夏季，成群结队的鲸鱼会在碧蓝的威德尔海冰山缝隙中嬉戏。由于以上种种魔力，人们称威德尔海为南极洲的“魔海”一点都不为过。

Iceland polar beauty

8 冰岛极地奇观

地球的眼泪

间歇泉

间歇泉堪称世界奇观，平日里泉干水涸，滴水不见，静似穹空。一旦喷泉涌波，爆发出隆隆声响，震撼山谷。仿若地球流出的眼泪，遍地流淌，热气腾腾，场面异常壮观，再加上冰岛奇幻的冰原环境，让人仿佛在看外星球的风景。

所在地：冰岛
特　点：平日里，泉干水涸，滴水不见，静似穹空。而一旦喷泉涌波，爆发出隆隆声响，震撼山谷
…

间歇泉是间断喷发的温泉，大多发生在火山运动活跃的区域，如冰岛。间歇泉相当于地球表面的一个排气孔，会周期性地喷发出热水和蒸汽，它的泉水并不是从泉眼里不停地往外冒，而是一停一溢，而且是喷几分钟或者几十分钟后就自动停止，然后隔一段时间，又会发生一次新的喷发。如此循环，名字也由此得来。

冰岛是一个间歇泉非常集中的国家，其中最有名的是盖锡尔间歇泉，它曾是世界上规模最大、持续时间最长、最有规律的一处间歇泉，因此全世界数千眼间歇泉都以它命名。盖锡尔间歇泉在喷发时，泉水可以喷射到高空中，水柱可达 70 米，甚至更高，场面蔚为壮观。其最高喷水高度居冰岛所有喷泉和间歇泉之冠，也因此成为世界著名的间歇泉之一。

[冰岛温泉一景]

冰岛是世界上地热资源最丰富的国家，全国有 250 个地热区，火山、温泉、间歇泉在这里比比皆是。冰岛上有万年不化的冰川，下有地热温泉的滋养，水与火共存，精彩万分。

间歇泉的爆发没有规律，每次喷发，总是母泉首先盈盈出水，叮叮咚咚，含情脉脉，而后子泉隆隆作响，如山洪奔泻，与母泉遥相呼应。远远望去，蒸汽腾腾，堆堆烟雾，时而“噗”一下泉涌如注，时而水雾缭绕。每次喷发过程持续几分钟至几十分钟，然后渐归平息。这一过程周而复始，不断反复，十分壮美，游人的欢呼惊叹声也不绝于耳。

瀑布中的“皇后”

黄金瀑布

黄金瀑布是冰岛最大的断层瀑布，滔滔河水奔腾咆哮，激起漫天水雾，奔腾的水雾在阳光下形成道道彩虹，金光闪闪，仿佛黄金般亮丽，因此而得名“黄金瀑布”，人称瀑布中的“皇后”。

黄金瀑布位于冰岛首都雷克雅未克市东北，在哥吉尔喷泉北面10千米处，宽2500米，水势分成两段，高为70米，是冰岛最大的断层峡谷瀑布，气势磅礴，景色壮观。黄金瀑布是冰岛人最喜爱的瀑布，也是欧洲著名的瀑布之一，人称瀑布中的“皇后”。

所在地：冰岛

特　点：冰岛最大的断层峡谷瀑布，倾泻而下的瀑布在阳光下金光闪闪，仿佛黄金般亮丽，气势磅礴，景象瑰丽无比

相传，冰岛在871年前是无人居住的，挪威人第一个登上岛定居，领地是划归私人庄园主所有。黄金瀑布是一系列阶梯状瀑布，非常利于发电，20世纪30年代曾经被考虑用来开发水电，这块土地的拥有者西格里德·托马斯多蒂尔女士以死抗争，反对破坏瀑布景观，这些计划最终未能实现，黄金瀑布也成为了一个国家自然保护区。为纪念这位誓死捍卫黄金瀑布的坚毅女性，在附近立了一座印有这位女性头像的石碑。

黄金瀑布是冰岛规模最大、景观最美、知名度最高的瀑布，也是冰岛旅游“黄金圈”的核心景点。黄金瀑布气势宏大，景色壮观。滔滔水流奔腾咆哮，轰鸣中直泻32米，而后又急坠于72米深、2.5千米长的峡谷之中，瀑布分为两层，落差达50多米，发出震耳欲聋的轰鸣声。瀑布倾泻而

[西格里德·托马斯多蒂尔雕像]

90多年前，为了保护该瀑布，倔强的冰岛姑娘西格里德·托马斯多蒂尔和她的父亲Tómas Tómasson一起出现在冰岛议会阿尔庭上，强烈抗议外国利益集团在此地建设水利工程，她曾说：“如果这场官司输了，我将跳入大瀑布中。”最终，冰岛政府让步，放弃修建水坝，而帮助她打赢官司的律师Sveinn Björnsson若干年后成为了冰岛总统。

[黄金瀑布]

这条小道的尽头是那块覆盖满玄武岩的平台，站上去，在雾气弥漫中感受瀑布咆哮的气势，还有那份瞬间坠落的壮丽景观。近观之下，黄金瀑布原来是由两座瀑布组成，第一阶梯的落差较小，仅11米，而经过短短的平缓之后，它将迎来第二级21米的落差，而这一回，它将真正接受粉身碎骨的挑战，彻底变成一条湍急的河流，绝尘而去。

下溅出的水珠弥漫在天空，在阳光照射下形成道道彩虹，在蒸腾的水雾中，布满闪着金光的点点水滴，仿佛整个瀑布是用黄金锻造而成，因此也有“黄金瀑布”的美誉。其景象瑰丽无比，令到访游客流连忘返。

黄金瀑布作为游览冰岛的必游景点之一，有着当仁不让的理由。瀑布分为两级，远远看去就好像两条彩虹，沿着大裂谷奔流而去，气势磅礴，蔚为壮观。浩浩大河的水流滚滚而下，如万马奔腾般的震耳欲聋。瀑布在阳光的照耀下金光灿灿，水雾在阳光照射下形成若隐若现的彩虹，横跨于川流不息的瀑布之上，这一画面将大自然之美推向了极致。要想看到美丽的彩虹、感受黄金瀑布的壮丽，最好是在夏季前往。

而事实上，到了寒冷的冬季，黄金瀑布虽然没有满目的绿意做伴，没有耀眼的阳光映衬，也没有了夏季黄金瀑布的那一份自傲和张狂，但在茫茫白雪中，它显得温存而含蓄，充分流露了瀑布温情的那一面。在下游倾泻的瀑布两侧冻成了晶莹透亮的淡蓝色冰柱，仿佛一幅幅天然玉雕矗立在那里，极富动感，层次鲜明。它的千姿百态一直都吸引着众多游客前往。

可以毫不夸张地说，即使你已经领略过了世界上无数瀑布的壮观与绮丽，看过无数次的飞流直下，在面对黄金瀑布的那一瞬，你一样会被其恢宏的气势和壮观的激流所倾倒，为之沉醉。

彩虹的缔造者
斯科加瀑布

斯科加瀑布独具魅力，在冰岛的地位可媲美世界驰名的“黄金瀑布”。在晴朗的日子里，瀑布的水雾与阳光催生了无数的彩虹，有时甚至还会形成双彩虹。这里也是许多电影的取景地，《雷神 2：黑暗之地》就有部分场景拍摄于此。

冰岛被称为瀑布的天堂，因为这里有很多冰川融化的水源，又有地壳运动造成的地理断层，河床的高低落差为大大小小的瀑布打造了绝佳条件。这里的每一个瀑布都各具特色，斯科加瀑布就是其中独具魅力的瀑布之一，它位于冰岛南部偏西，是冰岛最大、最壮丽的瀑布之一，甚至可以媲美世界驰名的“黄金瀑布”。

所在地：冰岛
特　点：形状是经典的矩形，水量丰富，瀑布两旁长满绿色植物，水雾与阳光催生出单层甚至双层彩虹

斯科加瀑布呈经典的矩形，宽度达 25 米，水流从 60 米高处倾注而下，奔腾而下的气势尤其壮观，水流撞击在山底岩石上，会发出不绝于耳的雷鸣响声，同时制造出阵阵强风，人们走向瀑布时必须逆风前行。由于这里独特的地形和绝美的自然风光，吸引了众多游客来一睹它的风姿。

斯科加瀑布是冰岛南海岸的一处人气景点。瀑布两旁的山上长满了绿色植物，两旁的山崖把瀑布包围在中间，形成一处半圆状的山坳，白色的瀑布水流与周围的绿色植物搭配得恰到好处。每逢阳光灿烂之日，瀑布溅起的水花源源不断，弥漫到四周，瀑布的水雾与阳光强烈的相互作用催生出无数的彩虹，一道单层甚至双层彩虹悬挂于瀑布之上，神奇而又梦幻，使人犹如置身于仙境。斯科加瀑布，就是彩虹的缔造者。

[斯科加瀑布]

斯科加瀑布高 60 米，宽 25 米，是冰岛最大、最具代表性的瀑布之一，瀑布两旁的山上都长满了绿色的植物，两旁的山崖把瀑布包围在中间，白色的瀑布水流与周围的绿色植物搭配得恰到好处。

欧洲最高最汹涌的瀑布

黛提瀑布

气势惊人的黛提瀑布，自冰河坠下而入峡谷，汹涌是它的常态，它也被认为是欧洲最强大、最汹涌、最高的瀑布。瀑布流淌的是灰色的泥水，泥浆一样汹涌澎湃的瀑布景观实属罕见奇观，好莱坞科幻电影《普罗米修斯》也曾在此取景。

所在地：冰岛
特　点：是欧洲最强大、最汹涌、最高的瀑布，瀑布流淌的是灰色的泥水

黛提瀑布位于冰岛的东北方，坐落于菲约德勒姆冰河，其源流是瓦特纳冰原。冰岛黛提瀑布宽100米，高44米，被称为欧洲落差最大、流量最大的瀑布。游客可以通过一条于2011年修建的沥青公路到达黛提瀑布。

黛提瀑布的气势惊人，其流量是因季节而异的，枯水期约有每秒200立方米。每到夏天，冰融使河水增加，流量可达到每秒500立方米。由于水量很大，只要听水声就可以找到黛提瀑布的所在地。这里震耳欲聋的水的轰鸣声，会让人忍不住为之一振，然而它在峡谷中撩起的水雾又是让人怦然心动。当阳光照射下来，瀑布上方会折射出七色的彩虹，衬托着背后汹涌的水流，显现出一种大气的美。

黛提瀑布仿若一个高大伟岸的男人，其汹涌澎湃的景观是所有旅行者所向往的，这里没有一点绿色植物，其原始荒凉之境，仿佛是来自火星的景致。由于附近遍布火山的原因，河水夹带着火山灰奔向大海，强大的水流带着泥沙流过44米的断崖，其气势令人惊叹。

[黛提瀑布]

黛提瀑布宽度约100米，高度有44米，被认为是欧洲落差最大、流量最大的瀑布。

惊险又惊艳的冰火两重天

米湖

米湖温泉朦胧又纯净的蓝，哈法尔火山不同层次的灰，再加上阿斯碧尔吉峡谷岩石断裂带深邃幽远的黑，绘制出一幅米湖的风景画，每一种看似单一的色调，合在一起便是千种风情，拥有无法抗拒的魅力。

米湖景区位于冰岛北部的克拉夫拉火山附近，雷克塞河从北边将湖水导入大西洋，它是由于地下水通过岩石缝隙渗入低处汇集成湖的，也是个著名的奇特火山地貌景观特别保护区。这里是冰岛北部最重要、最受游客欢迎和最富观赏性的旅游风景区，除了旖旎的极地风光外，还保留了完整的火山地理景观，包括地热、间歇泉、火山口、熔岩地貌等。另外，米湖出产的鲑鱼和鳟鱼也世界有名。夏天时，米湖还是观鸟胜地。可以毫不夸张地说，米湖就是一个汇集“天外神奇”美景的微观世界。

所在地：冰岛
特　点：是著名的奇特火山地貌景观特别保护区，温泉呈朦胧又纯净的蓝，不同层次的火山和峡谷岩石断裂带深邃幽远的黑，融合成一幅米湖的风景画

[《权力的游戏》剧照]
米湖是位于冰岛北部一个活跃的火山区，景观丰富。《权力的游戏》中冰原的场景拍摄于此。

米湖是一个浅水富营养化湖泊，也是冰岛的第四大湖，是水鸟和鸭子的乐园。整个湖泊位于一个活跃的火山区，据说米湖的蒸汽浴在冰岛也是独一无二的，因为温泉就处于火山口，水蒸气直接从地下冒上来。这里的湖水和天空纯净而透明，难分正反，岸畔和湖中袖珍岛

[米湖]

米湖在当地还有一个名字叫蚊湖，这个名字实至名归，因为这里确实有很多个头相当大的蚊子。

上仅有的灌木植物及苔藓类小草色彩斑斓，活脱脱一个仙境。在米湖，可以三五成群地搭船游湖，体验在米湖中央飘荡的游离之感，也可栖息在岸边钓鱼，如果硕大的鲑鱼上钩你定会惊喜万分。或者驾车环湖游览，四周的小路通向熔岩柱以及很多小型的火山口，湖区被奇特的地貌景观竞相包围着，熔岩柱和无根泉也包括其中。在平均深度仅为2.5米的湖中，矗立着数不胜数的玄武岩石柱和石堆，形状各异，大小不一，千奇百怪的独特景观仿佛出自外星人之手。

米湖温泉处于哈法尔火山口，其形状十分规整，如巨人般卧着。站在火山口边缘，正前方是一个巨大的圆坑，坑底有一个圆锥形的黑土堆，这个直径一千米的“环形山”就是冰岛及世界上最大的环形山之一。眺望山下，眼前是一片粗粝的莽莽大地，苍茫而又忧郁。米湖周围分布着许多大大小小的山包，上面都有类似火山口的锥形山坑，被称为“伪火山口”。米湖东边的山坡下，还有非常稀奇有趣的“魔鬼城堡”。一大群几米到几十米不等的黑褐色火山熔岩石，嶙峋狰狞，形态各异，一个个拔地而起，方圆有好几十平方千米大。不过惊险的“魔鬼城堡”一到秋季便绚烂迷人，怪石上生长的植物颜色变得不是绿就是黄或者干脆红艳艳，娇媚而又充满温情。

[魔鬼城堡]

游览米湖景区，从温情绚烂的湖泊，到各种数不清的真假火山、“面目狰狞”的奇石怪柱，再到黑色火山堆砌而成的岩洞，无数个地球上罕见的自然奇观令人目不暇接，无比震撼。米湖的冰火两重天仙境，惊险而又惊艳出奇，名不虚传！

[景区官方介绍]

在景区的官方介绍内容中，附有徒步线路，游客可根据自己游玩的时间进行选择。

极北之境的守望者

哈尔格林姆斯教堂

在冰岛的雷克雅未克，有一座灰白色高大尖顶的建筑非常显眼，它仿佛一架巨大的“航天飞机”停靠在山丘之上，这就是极北之境的地标——哈尔格林姆斯教堂。它在大片北欧风格的小楼中可谓鹤立鸡群，是全冰岛最高的建筑之一。

哈尔格林姆斯教堂位于雷克雅未克市中心的山丘上，为冰岛著名文学家哈尔格林姆斯对冰岛文学的巨大贡献而建，是雷克雅未克标志性建筑。教堂的设计者、建筑师古炯·萨姆雷森运用本土的创造素材，使用当地的建筑材料，设计了这座标新立异、具有冰岛民族风格的教堂。

所在地：冰岛

特　点：教堂设计新颖，为管风琴结构，正面看，造型与航天飞机形状相似，是冰岛的地标建筑

哈尔格林姆斯教堂设计新颖，为管风琴结构，中央是一个高高的塔楼，塔楼两侧是对称结构。从正面看，造型类似于航天飞机的形状，从塔尖向两翼展开两个翅膀，又似来自冰岛的冰川，透着一种雄劲和阳刚之美。主塔高72米，可乘坐电梯上顶楼观景台，俯瞰雷克雅未克的全貌，可以欣赏整个雷克雅未克群山环绕的美景。教堂内部设计简洁，雪白的颜色，装饰精致，主厅面积约3000多平方米，可容纳1200人，放置有一个巨大的管风琴，高15米，重达25吨。教堂前有一座雕像，是为了纪念冰岛独立之父西格松而建，所以称为西格松雕像。

哈尔格林姆斯教堂是冰岛最大的教堂，作为冰岛最重要的地标建筑，在雷克雅未克市区的任何角落都可以看到它显著的高塔。这座标新立异的地标，像是极北之境的守望者，守望着雷克雅未克甚至整个冰岛。

[哈尔格林姆斯教堂]

教堂前的西格松雕像是为纪念冰岛独立之父西格松而建。该教堂于1940年开始奠基，于20世纪60年代末基本完工。

通往地心之“门”

斯奈山半岛

斯奈山半岛是冰岛的缩影，地质多变、风光多样，景色壮丽，有高山湖泊、冰川火山、悬崖峭壁、绿地苔原……几乎展现了冰岛所有的地质地貌奇观。这里奇石嶙峋，是鸟的天堂，还有神奇的黑沙滩，现已成为冰岛国家公园。

所在地：冰岛

特　点：地质多变、风光多样，形状就像一支握紧拳头的手臂，几乎展现了冰岛所有的地质地貌奇观

斯奈山半岛是世界著名旅游胜地，位于冰岛西部，右临博尔加内峡湾山谷，长约90千米，是一处从冰岛大陆往北大西洋延伸的狭长半岛，形状就像一支握紧拳头的手臂。这里巧夺天工、出神入化的极地自然奇观，使之成为冰岛乃至欧洲第一个认证的“绿色地球区”，法国著名小说家凡尔纳在其名作《地心之旅》中将斯奈山半岛比喻成通往地心的门户。

风景的多样性是斯奈山半岛的主要看点，著名的斯奈菲尔火山及其冰川位于半岛西端。斯奈山半岛北部的教会山是半岛居民心中的神山，因为其独特的外形和绝美的周边环境被视为半岛地标式景观之一。

除了欣赏静若明镜的湖泊、奇幻苍凉的群山、翠色欲滴的草原、英俊和善的冰岛马、曲折的熔岩流、冰山隐蔽之下的小小渔村和分散的农舍，人们也可以骑着“另类”的冰岛马观赏冰岛西部壮阔的海岸线，还可以参加“地心之旅”，跟随专业的冰岛洞穴导游探秘截然不同的地下世界——一个岩浆形成的天然火山岩洞穴。一路风光无限，多样原始的奇观让人有如穿行在地球地质博物馆，斯奈山半岛也是国家地理杂志的摄影师票选为“冰岛是世界上最美国家的27个理由之一”。

[斯奈山半岛草原一景]

该处风景很多，也有人文风景，1948年3月14日一艘从欧洲大陆驶来的船在附近触礁沉没，海浪把部分船体的残骸冲上了岸，自那时候起这些残骸就一直在这儿了，旁边的指示牌上写着：不要去触摸残骸，它们都是有灵魂的……

奇幻天空的舞者 冰岛极光

[冰岛极光]

冰岛的夜空是多彩的，北极光神秘瑰丽而又如梦似幻，紧贴着北极圈的冰岛，是很多人梦想的极光圣地。于是每年冬季，冰岛便成为极光爱好者的天堂，也成为摄影爱好者们拍摄极光的殿堂。

冰岛，是世界上唯一的全境都位于北极圈的国家，独特的地理位置赋予它无尽的魅力：亘古不变的魔幻和冰火交融的壮美。冰岛是世界上唯一一个可以全境观看北极光的国家，你要来这里追寻幸福之光吗?

冰岛极光的梦幻诱惑

北极光 Aurora，音译为欧若拉，在北欧神话中是掌管北极光的女神，也是希腊神话中的黎明女神。极光是一种绚丽多彩的发光现象，出现于星球的高磁纬地区上空。而地球的极光，则是地球磁层和太阳的高能带电粒子流使高层大气分子或原子激发（或电离）而产生的，这些粒子被地球磁场偏转，集中到地球的两极上空。一般呈带状、弧状、幕状或放射状，这些形状有时稳定有时作连续性变化。不过像这样有形状的极光，是非常少见的。

因为极光，冰岛的夜空是多姿多彩的，充满野性而又梦幻。当天边泛起红晕，一道极光跨越天际，绿幽幽的，宛若北欧传说里的精灵，又似北极狐跑过时尾巴触发的火花。梦幻的极光以光色的交汇，呈现出晶莹剔透、一尘不染、绚丽多姿又恢宏壮观的静谧之美，将冰岛纯洁无瑕、令人神往的一面呈现在眼前。

极光是一种神奇的自然现象，神秘莫测，是可遇不可求的，需要攒够一定的运气才能看到。据说，64 岁的摄影师赫尔加森就极度好运在冰岛用镜头捕捉了极地自然之光的瞬间，也是绝无仅有的一幕——一只腾空的凤凰。这只“凤凰”伸展双翼，散发着璀璨的光芒，出现

所在地：冰岛

特　点：一般呈带状、弧状、幕状、放射状，呈现出晶莹剔透、一尘不染、绚丽多姿又恢宏壮观的静谧之美…

极光太过于美丽，以至于许多艺术家也为她倾倒，在艺术作品中，伊欧斯被说成是一个年轻的女人，她不是手挽一个年轻的小伙子快步如飞地赶路，便是乘着飞马驾驶的四轮车，从海中腾空而起；有时她还被描绘成这样一个女神：手持大水罐，伸展双翅，向世上施舍朝露，如同我国佛教故事中的观音菩萨，普洒甘露到人间。

[冰湖极光]

极光这一术语来源于拉丁文伊欧斯一词。传说伊欧斯是希腊神话中“黎明”（其实，指的是晨曦和朝霞）的化身，是希腊神泰坦的女儿，是太阳神和月亮女神的妹妹，她又是北风等多种风和黄昏星等多颗星的母亲。极光还曾被说成是猎户星座的妻子。

在冰岛卡达瑟尔的山川上。轻佻的色彩点燃了摄影师的照片，给这美景中带来了一种外星球的感觉。再加上这里令人窒息的自然风光：壮丽的冰川与喷薄的瀑布，雪山、火山、闪耀的冰川岩洞，深邃湛蓝的冰冻，蔷薇般映衬火山熔岩，让拍摄光怪陆离的极光的摄影师们更能捕捉到这些外星球般的美丽景致。

极光大赏攻略

冰岛有北极光特权，去冰岛旅游看极光，最佳的时间是冰岛的冬季，也就是 10 月到次年的 4 月，冰岛的冬季时间长且多风雪，日照时间则很短，一般游客较少。在这段时期，既可以进行滑雪运动，也可以观赏到难得一见的极光。一般来说，极光大多数是黄色和绿色的，当极光表现为红色和蓝色时，则表明它的运动加强了。而事实上，北极光一年到头都很活跃，只不过只能在天朗气清的黑暗中才能看到，又由于冰岛的夏季进入了极昼状态，因此最好的时间是冬季去看极光。另外，极光出现最频繁的时间是下午 6 点至次日凌晨 1 点。

观测冰岛极光还需选择相对比较空旷的地点。如果天气晴朗，又有风，极光活动强烈的话，在冰岛首都雷克雅未克就可以看到清晰的极光。从雷克雅未克东南向驱车一个小时往蓝湖温泉，除了赏极光还可以泡泡温泉，也可以到博尔加内斯的码头，把车开上去坐在车里，舒舒服服看着身旁的小渔船，再优哉游哉看看极光。

传说中的冰岛北极光，在空旷的极地十分惹眼，在远离光污染的山区，气温很低，但星空明显。突然间，极光闪现，人们抬头便可以看到绿色或黄色的大面积光束，从天空的一角跨越到另一角，不停地变换形状，观看极光的人赶忙用相机记录下这浮光掠影，但却无法记录下站在天幕下看到大自然浩瀚的天幕感受到生命渺小如沧海一粟的感动。

冰河时代的别样风光

瓦特纳冰川国家公园

瓦特纳冰川国家公园里白茫茫的冰川世界给人一种“万径人踪灭”的寂寥感，这里海拔约1500米，其不静止的特性是冰岛的典型风光，更为独特的是，极寒地区和炎热的熔岩、火山口以及热湖相共存，因此被人们称为“冰与火之地”。

现实中的冰河世纪

瓦特纳冰川国家公园位于冰岛东南部，面积达8400平方千米，是冰岛及欧洲最大的大冰川，也是仅次于南极冰川和格陵兰冰川的世界第三大冰川。这里是一个冰火相容的两重世界，集冰川、峡谷、火山、森林、冰湖、瀑布为一体，寒冷的极地地区和炎热的熔岩、火山口以及热湖相兼容、共存，景色壮观，却又静谧而安详。

所在地：冰岛
特　点：集冰川、峡谷、火山、森林、冰湖、瀑布为一体，冰川每天随着地质运动变化

[瓦特纳冰川国家公园]

[冰川、河流、山脉、雪山融为一景]

瓦特纳冰川公园包含 1967 年建成的史卡法特国家公园。它是冰川、火山、峡谷、森林和瀑布的组合体，景色最为精致壮观。

瓦特纳冰川国家公园得天独厚的自然条件，使它拥有众多神奇风景。它是冰岛最大的冰冠，冰原从荒漠中升起，穿过山区，远远望去，犹如大片白色冰盖。史瓦提瀑布壮丽异常，令人在仰望间不禁感慨大自然的造物之神奇。冰岛最高峰华纳达尔斯赫努克火山，让人们感叹它的峻峭之余又望而生畏。

史卡法特国家公园和杰古沙龙冰湖国家公园是瓦特纳冰川国家公园最重要的组成部分，其中杰古沙龙冰湖国家公园又以杰古沙龙湖著称。杰古沙龙湖又名冰河湖，是冰岛最大、最著名的冰河湖，其湖水湛蓝无比，坐船驶于湖中，可以看到很多形状各异的巨大冰块漂浮于湖面。冰河湖深受艺术家们的青睐，著名的好莱坞大片《古墓丽影》和《蝙蝠侠·开战时刻》及 007 系列电影如《择日而亡》等都曾在此取景拍摄。

杰古沙龙湖是个深达 200 多米的冰河潟湖，湖面上常年漂浮着从冰川主体上掉落下来的巨大冰块，这些都是大自然鬼斧神工创作的冰雕作品。在杰古沙龙冰湖电影般的蓝色奇景中，游人可以选择自己喜欢的破冰船在冰川之中游动，堆砌的冰川会在穿行的游船下渐渐破开，偶尔还会看到绿松石样色彩斑斓的奇形怪状的冰川开裂。湖面清澈而平静，水鸭、贼鸥的啼声清晰可闻，小船穿行在浮冰中，让人忍不住惊叹人和大自然竟能如此的贴近。这里的湛蓝的湖水，冰河、形状各异的冰雕，与海滩上的黑色火山泥沙形成鲜明的对比，寒冰在阳光下闪着幽幽蓝光，恍若让人进入了时空隧道，重返遥远的冰河世纪时期。偶尔，鸥鸟的到来会打破冰河世纪的寂静，它们不断钻入水中觅食，上下飞舞，与冰川缠绵不休。

唯美的瓦特纳冰川国家公园不仅给人美的视觉享受，人们还可以在冰山湖上进行各项活动。其中最令人陶醉的要数乘快艇深入瓦特纳冰川的腹地，畅游于淡蓝的海水中，大块的浮冰擦身而过，也可观看洁白的冰山将阳光映衬得格外闪亮。或者骑上雪地摩托或雪地吉普，驰骋于辽阔的冰原，耳畔是呼啸而过的凛冽的风声，给人无限的刺激和乐趣。

[冰岛城市风景]

雷克雅未克一年一度的文化之夜如今是冰岛最盛大的节庆，在八月底(一般为 18 号后第一个星期六)举办。成千上万的人潮涌入雷克雅未克市中心，用音乐、舞蹈与艺术的狂欢形式庆祝生命，气氛在耀眼炫目的焰火表演中达到高潮，之后通宵彻夜地畅饮作乐。

永不静止的冰川

瓦特纳冰川每天都在随着地质运动变化着，因而造就了它特别的风光。目前，冰川以每年 800 米的速度流入山谷中，当它在崎岖的冰岩床上滚动时，会裂开而形成冰隙，冰块在抵达低地时逐渐融化消失，留下由山上刮削下来的岩石和沙砾。从生长、沉寂、爆发、

[北极熊]

崩裂，到回归宁静，冰川完成了从一种形态到另外一种形态的完全转变。

在世界极地最大冰盖的瓦特纳冰原上，冰舌、峡湾等地貌交错纵横，远古火山活动遗留下的痕迹随处可见，游客可以欣赏到掩映在洁白晶莹的冰川下的碧绿的灌木丛以及漆黑的火山熔岩山。

皑皑白雪，变化出万千风光供人们观赏游玩，冰雪王国和火山峡谷瀑布一起，成就了瓦特纳冰川国家公园。除了这些让人震撼的自然风光，游人还能观赏到可爱的北极熊，它们白色的皮毛与冰雪同色，便于伪装，又厚又防水。北极熊以捕食海豹为生，它们常趴在冰面上，等海豹爬上冰面，然后再蹑手蹑脚地扑过去。

大自然用它独特的鬼斧神工精心地雕琢瓦特纳冰川国家公园凹凸不平的地貌，整个冰川公园就像童话里的冰雪世界，无边无际。这里有壮阔无比的瀑布，也汇聚着连片森林，还有各类神奇峡谷，无论徒步登山还是驱车观光，奇景都美不胜收。

世界最美地下城

蓝冰洞

这里有着魔幻般的大自然美景：水晶一般的冰洞，在午后的阳光下闪闪发亮。这里就是冰岛的奇观、人间奇景之一的蓝冰洞，由冰川形成的深蓝洞穴有极为罕见的柱状玄武岩结构，全天然形成，隐藏在冰川的边缘。

冰岛，像是北大西洋上的一座孤岛，却与各大陆有着千丝万缕的联系。这里是世界温泉最多的国家，被称为“冰火之国”，有100多座火山，也以“极圈火岛”之名著称。除此之外，蓝冰洞是冰岛的另一大奇迹，大都隐秘于冰岛南部海岸线的瓦特纳冰川的边缘，周边的冰块像花岗岩切割成的蓝色巨石，寒颤威武，厚实的冰层泛着一种诡异的幽蓝色。这种宝石蓝般的冰不是普通的冰，是历经数世纪的古老冰川才能形成这样夺目的光泽，年代越久远，蓝色越深邃。

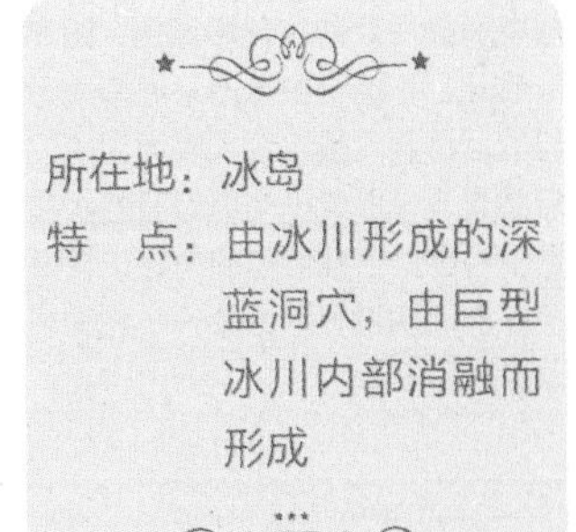

所在地：冰岛
特　点：由冰川形成的深蓝洞穴，由巨型冰川内部消融而形成

[蓝冰洞]

参加冰川徒步，就能看到冰川上有许多缝隙、深穴。而冰川边缘，自然也会在不同地区形成不同的冰洞，但是如果冰川主体不够大、不够厚，形成的冰洞可能不够牢固，或者规模太小，谈不上冰“洞”。

冰岛的蓝冰洞又称大冰洞，是世界上极少地区能看到的地貌，并非是一季之寒便形成的，而是千百年来冰川、雪、冷空气的相互作用的结晶，冰岛地下长期频繁的火山、地壳板块活动，加速了巨型冰川内部的融化，冰川消融的结果就是孕育出了独特的冰川岩溶现象，如冰漏斗、冰井、冰隧道和冰洞。每个冰洞形态各异，各不相同，也是独一无二不再重现的绝世景观。虽然洞穴的温度长期处于冰点，但冰岛地下频繁的活火山运动和地震使得冰川不断地产生裂纹，每到春季冰层从内部开始断裂溶解。由于冰川会不断移动或爬行，因此每年都会有冰洞坍塌消失，也会有新的冰洞形成。所以，来冰岛绝不可能再有机会进入同一个蓝冰洞，这也使得蓝冰洞之旅更加奇幻和吸引人。

[蓝冰洞]

蓝冰洞被游人们称为大自然中的水晶宫，是世界上最美的地下城。冰层留有如海浪的纹理和颜色，阳光穿透冰层，这个由冰河及海岸线形成的蓝色洞穴透出令人叹为观止的自然景观，形成一个梦幻般的水晶地下世界，它像巨型的鱼缸，又像美妙的海底世界，更像一个充满想象的蔚蓝苍穹。

蓝冰洞虽美到极致，但因为冰川形态在不断变化而暗藏危机，所以要在有专业设备的协助和专业向导的带领下方可进入蓝冰洞内部。一般来说，每年的 11 月至次年 3 月是探索蓝冰洞的最佳季节。沿着覆盖火山灰的岩石坡来到冰川边缘，冰洞的洞口一般隐藏在冰川的斜坡，不易被发现。由于洞口较小，游人须排队依次进入，每次只允许几十个人。冰洞内部空气减少，结构更致密，因而能呈现出蓝色。走进蓝冰洞，仿佛走入神秘的冰之王国，每个到访者都会被它那冰冷却绚丽、神秘又迷幻的壮丽绝景震慑到忘记呼吸。冰洞内的空间一般都不大，被丰富的冰川结构纹理包围着，鬼斧神工般的梦幻冰洞，状如水晶宫。如果仔细听，还可以隐约听到冰层崩裂的声音。另外，由于光线的不同，冰洞也会呈现出不同的景观。

蓝冰洞探险就如同极光一样，可遇而不可求，是一生中非常值得体验一次的旅行。

[辛格瓦德拉湖]

世界上最古老的国会所在地

辛格瓦德拉湖

公元930年，世界上第一个民主议会在辛格瓦德拉国家公园创建。该国家公园是冰岛为数不多的几处世界遗产之一，旁边便是冰岛最大的天然湖泊——辛格瓦德拉湖，由于是冰岛民主政治的发源地，这里也被称为“议会湖”。

冰岛社会的治理与制度探索有着久远的历史，其中最著名的是创建于公元930年的“阿尔庭”。“阿尔庭”即冰岛的议会，位于辛格瓦德拉国家公园内，该公园建于1930年，是冰岛第一个国家公园，2004年被列为世界遗产。

辛格瓦德拉国家公园拥有特殊的地质结构和火山地形，拥有湖泊、瀑布、间歇泉等美景。辛格瓦德拉湖有84平方千米，也称为议会湖或国会湖。湖面宛如镜面，湖水清澈冰凉，是很多珍稀鸟类的栖息地。近旁有一道长达七八千米、由熔岩构成的裂谷，悬崖峭壁高耸，与明净的湖水相映成趣，形成一个气宇轩昂的天然屏障。这个裂谷是美洲板块和欧亚板块的交界之处，2005年被列入世界遗产名录，很多游人站在上面轻盈劈叉，感受一脚在欧洲一脚在美洲的地理跨度。

辛格瓦德拉湖也是浮潜爱好者的乐园，即使没有阳光，湖底仍出奇的色彩鲜明，水清得连百米以外的东西都清晰可见，没有珊瑚和热带鱼，只看见鲜绿色的海草和藻类，浮潜于此，甚至让人有在太空漫步的错觉。

所在地：冰岛
特　点：湖水清澈冰凉，是很多珍稀鸟类的栖息地，是冰岛最大的天然湖泊
…

闻名遐迩的“天然美容院”

蓝湖

纯白的底，湛蓝的湖，荡漾的波，薄纱似的热气飘浮在湖面，出浴的人，温泉里的人，犹如童话里天女沐浴的仙境。冰岛蓝湖是地热海水温泉，具有天然治愈力量，被称为“天然美容院”，全世界无数游客因此慕名而来。

所在地：冰岛
特　点：白色的湖底，蓝色的湖水，不落痕迹地融合，有美容养颜的功效，被称为“天然的美容院”…

碧水共长天一色

蓝湖是冰岛最大的温泉，位于冰岛西南部，距首都雷克雅未克约 60 千米，驱车 1 小时左右即可到达这个冰岛最著名的地热温泉。作为冰岛旅游黄金圈内的重要景点，它也是游客造访最多的冰岛景观之一。

从雷克雅未克机场到蓝湖，驱车大概有 1 小时的路程，在路上可以看到地理景观的明显变化：靠海岸的公路旁偶有小渔村；进入内陆后，公路两旁更为荒凉，一望无际的火山熔岩上长满软软的苔藓植物，像是给大地铺上了一层柔软的地毯。蓝湖位于一座死火山上，湖边熔岩高低突兀、弯弯曲曲，近处的山，远处的冰川，湖

[蓝湖]
湖地热温泉是世界顶级疗养胜地，蓝湖所在地是地球上地下岩浆活动最为频繁的区域之一。

[通往蓝湖的路]

蓝湖似乎已成为冰岛标志，许多人来到冰岛，都会选择泡在蓝湖浅蓝色的温泉中。蓝湖的水中含有许多化学与矿物结晶，这些结晶已被冰岛医学家证明能舒缓精神压力及具备其他一些疗效，因此从蓝湖中提炼出来的各种产品也受到了游客的欢迎。

面大的套着小的，一圈又一圈。在一片冷峻的黑色岩石中，衬托得蓝湖如同一个安静的迷梦，幽幽地漂浮在那里。白色的湖底将浅蓝色的湖水映衬得格外纯净，格外醉人，就好像仙女沐浴的天池。蓝湖的颜色是漠漠的蓝色，被袅袅的雾气化开，充满了诱惑的暧昧。

靠近蓝湖，人们会被湖水不可思议的可爱的粉蓝色给迷住，在密集黑色火山石包围中的温泉池，冬天是四周一片冰天雪地，而粉蓝色的蓝湖冒着热气，仿若一汪“滚烫的蓝色牛奶”，蓝中透着白，热烟腾腾，仙气飘飘，这种奇特的环境和氛围，让人仿佛置身地球之外的秘境。

[蓝湖旁边的火山岩]

在露天温泉体验冰火两重天

一提起冰岛，人们通常会毫不犹豫地把它与严寒以及冰雪联系在一起，但冰岛却到处是可以触摸到的“火”，这里温泉和火山比比皆是，温暖着这片世界尽头的冷酷仙境。蓝湖就是冰岛著名的地热温泉，也是冰岛最具人气的旅游胜地之一。去蓝湖泡温泉，是拜访冰岛最陈词滥调的开始方式，却也是打开冰岛最美丽的一扇窗。

据说蓝湖的形成非常特别：这里的泉水经过地下高热火山熔岩长期的吸收蒸发，因而水中富含许多化学与矿物结晶，因为这些矿物质成分，蓝湖的水呈蓝绿

[蓝湖]

色。这些物质被医学家证明能舒缓精神压力及具备其他一些美容养颜的功效，甚至对湿疹等各类皮肤问题也有良好的疗效，因而也被称为“天然的美容院”。在这里泡温泉被称为“地热水疗”，已成为冰岛旅游非常热门的疗养方式之一。蓝湖湖水中到处可见悬挂的木桶，桶中满是从湖中挖出的白色硅泥，人们可以随意舀出一些涂抹在脸上或身上，据说有很强的美容功效。不过泡温泉的时间不宜过长，建议每15 ~ 20分钟上岸休息一会儿。事实上，游客们还可以到岸上的桑拿房里蒸一会儿，再出来继续泡，除此之外，这里还提供各种奢华的水疗服务，游客甚至还可在湖旁的熔岩餐厅就餐。更有意思的是，在蓝湖中还设有水上酒吧，酒吧旁边有工作人员帮泡在湖中的客人留影纪念，并可将照片免费发送到客人的电子邮箱。

如果赶上下雪，人们可以看到湖面热气弥漫，如烟似雾，大自然隐藏的能量在蓝湖显露无遗，这是蓝湖最美好的时刻。在雪花纷飞的冬季，一边享受着“温泉水滑洗凝脂”，一边感受着冰雪击碎温泉雾气的清灵，抬头看看漫天飞舞的白雪，闻闻雪的味道，再转身看看远处的冰川，一种冰火两重天的极致体验让人深感不虚此行。蓝湖也因此被评为世界十大顶级疗养温泉之首，是当之无愧的“天然美容院”。

冰岛，是地球尽头的冷酷仙境，在世界的边缘旅行，人们才会邂逅蓝湖这片温暖的神圣之地，享受蓝色的浪漫。袅袅温暖，游人们可以把自己浸泡在温柔的蓝色幸福中，与美丽的大自然融为一体，抬头是云，回头是山，再和同游的伙伴一起喝上一杯斑斓清爽的蓝湖鸡尾酒，多么令人心醉又令人神往。可以说，到访过蓝湖的游人都会对它永生难忘，因为不论是谁，都无法忘记那片似乎只应该在梦中或仙境出现的美丽与最纯净的蓝色。

邂逅一尘不染的黑
维克小镇

维克小镇安静祥和，远处雪山如纱，近处灯影绰约。它依山傍水，交通便利，风光秀丽，以天然通透的黑海滩、澄澈清明的海水和壮丽的玄武岩地貌而著称，景色荒凉雄奇，令人终生难忘。

所在地：冰岛

特　点：依山傍水，交通便利，以天然通透的黑海滩、澄澈的海水和壮丽的玄武岩地貌著称

…

风光旖旎的维克小镇

维克是冰岛最南端的一个小镇，它依山傍水，处于冰岛国家一号公路旁，交通便利，小镇宁静祥和，天宽地阔，风光秀丽。从雷克雅未克出发，车行 4 个小时左右就可以到达，一路上风景美妙绝伦：独有的火山景观、湖泊河流、壮丽瀑布和黑色沙滩，还有那如同史诗巨著一般的山势美景。可以说，维克小镇是一个让人值得特地安排一趟旅途的绝佳旅行地。

维克小镇一个安宁和睦的小镇，小镇后面是一望无际的大海。镇子小得出奇，居民仅 600 余人，民居简洁而清爽，尖顶的小矮房点缀在广阔的山坡间，这里还有一座红顶教堂，远远望去格外显眼。小教堂在雪山映衬之下，于夕阳余晖之中，呈现出典型的北欧风格，简朴却有某种精神力量。悬崖下有几幢漂亮的小屋，那便是

[维克小镇]

[黑沙滩]

远道而来的游客们歇脚的地方。

维克小镇的天气变幻莫测，如果运气足够好，遇上难得一见的灿烂阳光，傍晚的维克小镇便会沉浸在祥和的光影之中，温暖的彩霞把清澈的水岸渲染得异常通透，像是梦中的港湾。人们可以从维克小镇坐海陆两栖船下海，在大西洋的怀抱中伴着海鸥的悦耳鸣叫，吹着温煦的海风，还有和暖温柔的阳光，自在前行。当真正置身于维克小镇，火山、瀑布、湖泊、河流、冰川以及独特的山景，绝对是让人放慢脚步的风光。

绝世而独立的黑沙滩

维克小镇的南边是大海，与小镇相邻的黑沙滩是这里最著名的景点，它多次被权威杂志评为世界十大最美丽的海滩之一。这片沙滩黑得纯粹，黑得彻底，黑得自然，黑得通透，让人流连忘返，维克小镇原本默默无闻，就因为拥有这片绝世黑沙滩而闻名于世，吸引了众多的观光旅游者。

[黑沙滩上的鹅卵石]

这些黑色的卵石在经过海浪的千万年不停地冲刷后，就会变成细小的沙砾，而它们的前身就是海边黑色的火山玄武岩。

黑沙滩是维克小镇的瑰宝，一整片黑色的海滩，与浅蓝的海水形成鲜明对比，一个活泼、一个稳重。冰岛拥有许多活火山，而维克黑沙滩的“沙子”便是来自于火山熔岩，它没有淤泥与泥土，也没有任何杂质，经过海风与海浪的雕琢，黑色的玄武岩变成了黑沙。黑沙滩旁边是风琴岩峭壁，它由深色柱状玄武岩构成。由岩浆形成的边缘笔直、锋利，整齐规则的多棱柱状岩石，看上去与教堂的风琴管外形相

似，因此得名风琴岩。风琴岩峭壁和黑沙滩相偎相依，守望着维克小镇和这片唯美的海域。维克海滩的对面是叫“笔架山”的礁石，它在晚霞中绰约妖娆，与黑沙滩隔海相望，遥相呼应。

[玄武岩柱]

从正面看，柱状节理大多很整齐光滑，就像机械打磨过一样，再从地面上看，在离地十几米的地方，一个个凸起，这是否是很久以前维京人生活过的地方?

水边的黑沙细腻柔滑，泛着粼光，把海水映成青灰色，而巨大的黑礁石峭壁临海而立，经久不息的海浪声如同悦耳的管风琴乐曲。绵延不断的黑沙滩由从细到粗的沙砾、管风琴般整齐的柱状玄武岩及黑色巨礁组成，令人不禁感叹大自然的鬼斧神工。这片黑，黑得通透纯粹，黑得一尘不染，黑得摄人心魄。在这片辽阔而壮观的黑海滩上，悬竖着一条条多棱形的柱体，它们没有怪石嶙峋的姿态，也不显得矫揉造作，更多的只是厚重的黑色和天然的形态，遗世独立。黑沙其实是黑色的熔岩颗粒，和画面右边的熔岩柱和岩洞一样，是火山和大海的鬼斧神工形成的。一条石头堆成的长堤延伸入海，沙滩的不远处还有一座奇特的熔岩山，挺拔而突兀，这样的奇观也给维克海滩平添了更多神秘诡异的气氛，不少剧组都会选择来此拍摄外星球的场景。

这种地理学名为柱状节理的山体，是火山爆发时炽热的熔岩遇到海水冷却收缩爆裂所形成，这种地理现象，在世界一些地方都能看到，听说香港就有一个这样的地质公园，而最出名的恐怕就是英国北爱尔兰的巨人之路了。

这里有奇形怪状的玄武岩列，美丽的熔岩地貌，以及高耸的悬崖和洞穴。这里也有安静祥和的小镇，风光旖旎而独特，雪山融雪从镇旁的小溪淌过黑沙滩流入大海，在大海的潮汐中销声匿迹。这里，就是冰岛最负盛名的小镇——维克小镇。而人们也终将会被小镇里最性感的黑沙滩迷得神魂颠倒!

维克小镇曾被世界某机构与云南香格里拉、捷克布拉格、日本北海道、美国大峡谷等地一起，评为“世界 10 大治疗失恋胜地”，为何? 或许是因为它的静谧而美好，又或许是因为它的神秘和性感。

摄影爱好者的天堂

草帽山

草帽山是冰岛所有美景中的明星，也是冰岛旅游局的标志。爬上山顶极具挑战性，但山顶上的风光也令人迷醉，这里是最受欢迎的山景拍摄地，再加上那最上镜的草帽山瀑布，也让摄影爱好者热情满满，成为摄影爱好者的天堂。

所在地：冰岛
特　点：正面角度看上去形状酷似草帽，山体不远处有座5米高的阶梯级瀑布，是整个冰岛风景最优美的地方
……

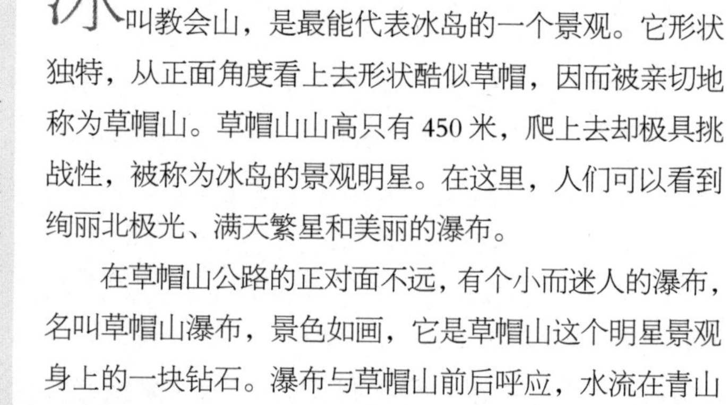

冰岛草帽山坐落在冰岛西部的斯奈山半岛沿岸，也叫教会山，是最能代表冰岛的一个景观。它形状独特，从正面角度看上去形状酷似草帽，因而被亲切地称为草帽山。草帽山山高只有450米，爬上去却极具挑战性，被称为冰岛的景观明星。在这里，人们可以看到绚丽北极光、满天繁星和美丽的瀑布。

在草帽山公路的正对面不远，有个小而迷人的瀑布，名叫草帽山瀑布，景色如画，它是草帽山这个明星景观身上的一块钻石。瀑布与草帽山前后呼应，水流在青山映衬下愈显清澈，在仲夏时分的极昼阳光的照耀下更显璀璨动人。这座5米高的阶梯级瀑布，每个季节都有不同的味道。冬季里瀑布的水流接近凝结，蓝色的河水蜿蜒流向远方，这是苍茫大地唯一的色彩。而秋天的草帽山，则是整个冰岛最优美的地方，此时在此摄影，最容易产生震撼级大片。如果运气好，还可以拍到灿烂的北极光，在北极光的映衬下，茕茕孑立的草帽山显得熠熠生辉。

[草帽山]

冰岛位处两大地质板块之间，又是火山活动频繁的火山岛屿，再加上冰川在大陆上的雕刻，这些丰富的地质活动和自然构造让冰岛遍布嶙峋的奇山。

草帽山是冰岛自然风光最秀丽的山脉，山前的河流与瀑布与山上的绝美风光构成了一道独特的风景线。这里拥有着摄影师所梦寐以求的所有风景。

北极圈的庞贝

西人岛

传说公元871年前后，最早在冰岛大陆定居的是从挪威移民来的英戈尔夫，其弟被爱尔兰籍奴隶们杀害，而后奴隶们逃到这座岛上。英戈尔夫带领人马追到这里将他们杀掉。因为当时爱尔兰人被称为 West-man（西人），此岛便被称为西人岛。

所在地：冰岛

特　点：作为一座火山群岛，岛上岩石裸露，十分荒芜，陡峭的悬崖是数百万滑稽的角嘴海雀的栖息地

…

西人岛（冰岛语 Vestmannaejar，英文是 West-man Island），也称为韦斯特曼纳群岛，是位于冰岛西南海域的火山群岛，由15个景色壮观、大小不同的岛屿和大约30多个岩柱组成，总面积约21平方千米。岛上岩石裸露，十分荒芜，像个孤岛一般，却并不萧条萎靡。在约1000年前被北欧海盗首次发现。

扬帆驶往西人岛，人们可以观赏到令人目眩的石塔和数百万滑稽的角嘴海雀。无数的风暴和无情的海浪雕刻出了西人岛陡峭的悬崖，而这些风化的悬崖则成了大西洋角嘴海雀的栖息地。事实上，西人岛的大多数岛屿上都有着陡峭的海岸悬崖，为无数鸟类提供了极佳的栖息地，如颇具魅力的善知鸟。

在西人岛众多岛屿中最大的岛叫赫马岛，它是群岛中唯一有人居住的岛屿。该岛由海底火山喷发喷出的物质突出海面而形成，从西南至东北形成一条30千米长的裂隙。赫马岛面积为13.4平方千米，岛上住着6000人。岛上有韦斯特曼纳埃亚尔镇，这是位于股股熔岩间的一个小镇，小小的城镇和避风港位于若干峻峭的悬崖和两座火山之间。

［西人岛］

赫马岛距离冰岛首都雷克雅未克仅25分钟的航程，是一块火山岩石构成的贫瘠之地，火山上到处可见当地人在发黑的山坡上种下的亮紫色的羽扇豆和绿草。乘船

[西人岛]

由于没有人类活动的干扰，这里的环境得到了很好的保护，到2004年，维管植物的种类达到60种、苔藓植物75种、地衣植物71种和真菌24种，岛上有记录的鸟类89种。

绕岛，游客们还会经过向海中延伸的灰烬河岸。某些地方的海岸线上印着半几何图形，仿佛北爱尔兰巨人岬漂移过来似的。赫马岛也是冰岛最重要的渔港之一，狩猎和捕鱼依然是当地的经济支柱。

赫马岛还有一个奇景：海岸边的崖壁露出奇特的相貌，即“大象岩”。据悉，1973年，爱德菲尔火山喷发后岩浆流入海冷却变成玄武岩，恰好形成这一天然岩石景观，看起来就像大象在喝水一样，眼睛、耳朵、象鼻和粗壮的四肢和大象惟妙惟肖，甚至连灰色粗糙的触感也极其相似，令人啧啧称奇。

西人岛上还有一个1963年才露出海面的最新成员——叙尔特塞岛，也是冰岛最南边的岛屿。由于其独特的科研地位让旅行者不能在此登陆，在2008年，叙尔特塞岛被联合国教科文组织列入世界遗产名录。

[西人岛奇石]

经过流水侵蚀和风化剥蚀，山峰和阳光、空气一起雕琢出的险峰峻岭，造就了一个“天下奇秀”。

西人岛又被称为“北极圈的庞贝”，这里还拥有世界上最年轻的火山——埃达火山。这里是火山岩浆的残留地，1973年的惨烈的火山爆发后，部分土地被熔岩覆盖，暗红色的埃达火山至今还在冒烟，用手触摸，泥土是温的，让人仿佛抵达了月球表面。而没有被熔岩覆盖的地面，却是风光明媚，祥和一片。也正是因为这些，西人岛才成为一个吸引无数游客前来的美丽岛屿。

北欧诸神的封印

神灵瀑布

相传1000年前，在维京时代的宗教变革中，当时冰岛最高长官“议长”决定冰岛人要正式皈依基督教，为表决心，他将之前信仰的北欧诸神圣像投入阿克雷里附近那瀑布冰冷的水中，此后，这个瀑布便被称作“神灵瀑布”。

神灵瀑布位于冰岛北部，在米湖以西40千米处，高约12米，宽约30米，是冰岛最壮观的瀑布之一，也被称为上帝瀑布。神灵瀑布的水源来自全长180千米的冰岛第四大河——斯乔尔万达河，瀑布水流湍急且水量很大，周围是长满苔藓的黑色大块火山岩石。火山、雪、水量充沛倾泻而下的瀑布，让这里魅力十足。

所在地：冰岛

特　点：瀑布整体呈马蹄状地形，水流激湍翻腾且水量很大，周围是各种形状的长满苔藓的火山熔岩

“神灵瀑布”处于一片熔岩荒野的斯乔尔万达河之上，整体呈马蹄状地形，冰川融水从河流的峡谷倾泻而下，马蹄形边缘上的突兀巨岩将瀑布对称截分为两个大瀑布和若干小瀑布，巨岩正中凹陷处另有一股独立的小瀑布又将突兀巨岩石对称截分为两部分，很是奇特。

神灵瀑布周围各种形状的火山熔岩中间流淌着一条清澈的小河，冰清玉洁，晶莹剔透，平缓温柔。而一到岩石落差处，河水便激湍翻腾，迅速飞流直下，澎湃咆哮。水柱冲泻撞到河谷的石头上，溅起层层水花。

[神灵瀑布]

如果说冰岛的地标“黄金瀑布”像一个彪悍狂野的英雄，那“神灵瀑布”就好似一位温柔婉约的小女子，源源不断的雪水奔涌而下，形成斯乔尔万达河上一道独特而壮美的景观。在冰封冬季，瀑布的景色会更加震撼迷人。

北极圈旁的花园

阿库雷里

这里有冷艳的冰雪，冒烟的大地，舒适的温泉，绚丽的天空。它背依雪山，面临碧湖，风景十分秀丽。漫步在这座花园城市，人们感觉不到丝毫来自北极圈的清冷与肃杀，相反就像置身南方小镇，温暖而舒服。

所在地：冰岛
特　点：白夜现象，教堂仿美国摩登大楼

阿库雷里位于冰岛最北部的埃亚峡湾尽头，距离北极圈仅 50 千米。这里素有“北极圈旁的花园城市”之称，也常常被人们称作冰岛北部的“雅典”。这座城市是冰岛第三大“城市”，这里仅 15000 人。

因为地处北极圈，阿库雷里有令人称赞的白夜现象，这种现象在当地被称作“午夜太阳”，这是阿库雷里的一大奇景，每年六七月份，一个圆圆的太阳终日挂在天空中，让阿库雷里变成了一个名副其实的不夜城。米瓦登湖区是当地最为著名的旅行景点之一，这里除了有美丽的景色，还有地热、间歇泉、火山口等保存得十分完整的火山地理景观，阿库雷里有欧洲最北的植物园，在园中有 2000 多种花草竞相盛开，是地球最北端植物的乐土。

阿库雷里紧靠着冰岛最长的峡湾——埃亚峡湾，这条长 60 千米的峡湾坐落在积雪覆盖的山脚下。这里有茂密的树木以及各种野生动物，让人很难相信这里是位于北极圈附近的地区。

阿库雷里虽然是一个面积不大的小镇，但它为人们提供了如同城市般的生活——高档会所、艺术长廊还有热闹的夜生活。教堂是小镇的标配，阿库雷里教堂便是阿库雷里最为著名的教堂，它于 1940 年正式成立，拥有 70 多年的历史，这座教堂外表模仿了 20 世纪 20 年代美国的摩天大楼，十分炫酷。

[阿库雷里大教堂]

建于 1940 年的风琴形状的教堂，其设计与雷克雅未克大教堂来自同一灵感、出自同一设计师，可称得上是姐妹教堂，如果雷克雅未克大教堂是大气端庄的大姐，阿库雷里大教堂则是小巧玲珑的小妹。

The beauty of the Antarctic polar

9 南极极地之美

世界最后一片净土

南极半岛

这里只有蓝与白，是世界上最后的一片净土。巍峨的雪山、壮观的冰川、极地的阳光；可爱的企鹅、神秘的鲸鱼、笨笨的海豹；冰天雪地，还有无尽的浮冰、大海；这里就是太阳与月亮相遇的世界尽头——南极半岛。

所在地：南极

特　点：群山和高大冰川环绕，只有蓝与白，气候温和，是企鹅等极地动物的乐园，是南极景点中观赏动物的最佳地点

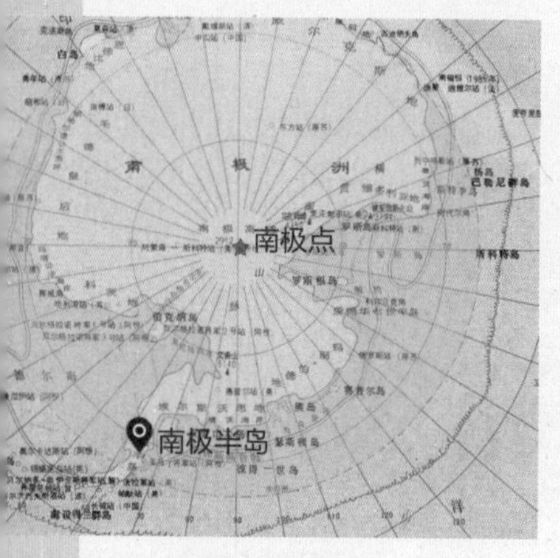

[南极半岛位置]

绿色区域内为南极圈，南极半岛位于南极圈外的大陆，南极圈内的大陆终年冰封，恰位于南极半岛之外。

世界尽头的极寒之美

南极半岛位于南极大陆最北端，是南极大陆最大、向北伸入海洋最远的大半岛，是南极洲唯一一个在南极圈外的领土。这里群山和高大冰川环绕，水与冰在此激烈碰撞，各种元素相互作用，产生强烈的对比。这里冰天雪地，挡不住生命的奇迹，苍穹之下，万物生长，展现出世界尽头的极寒之美。

被冰川和雪山环绕着的天堂湾，是南极半岛最著名的景点之一。天堂湾把一幅南极半岛极致全景图淋漓尽致地展现在世人眼前，不同层次的蓝色冰山，不惧严寒的极地生灵，海水晶莹剔透，水面澄澈如镜，冰山的倒影相连相偎，恍若梦中之景。放眼望去，天堂湾的冰面上覆着茫茫的白雪，在阳光的照射下熠熠生辉，辽阔的海面上，巨大的原始冰川从海面拔地而起，直插云端。整个港湾被千年冰川所形成的悬崖峭壁紧紧包围，所有冰川皆晶莹剔透犹如水晶，水面平滑宁静如镜面。淡蓝色的天空，浅蓝色的冰山，深蓝色的海水，还有覆着皑皑白雪的高山，这是一场蓝与白的盛宴。

而拉美尔水道凭借其垂直的巨大冰山，气势壮观的浮冰，成为南极半岛最让人期待的地方之一。这里平静的水面倒映出冰山断崖的影子，恍如迪斯尼动画里的场景般，美好而不真实。由于日照蒸发而形成的云雾缭绕

在冰山的山顶，深呼吸，冷冽而清新的空气充盈满怀，神清气爽。冰山的千变万化，如此奇幻绚丽，真可谓是一件件艺术品。

在冰川形成的巨大屏障中，纳克港则平躺在众山环绕之中，在这唯美纯净的天堂里，雪崩、冰川碎裂轮番上演，让人震撼无比。如果置身号称最接近天堂的天堂岛，绝对能将整个南极半岛的最美极地风光尽收眼底，一览无余。

南极半岛属于新生代褶皱带，基岩起伏不平，海岸曲折，近海岛屿很多。南极半岛是南极大陆最温暖、降水最多的地方，有“海洋性南极”之称。西海岸有较多的“绿洲”，生长着少量高等植物及苔藓、地衣和藻类，动物和鸟类也较多，故又有“南极绿岛”之称。

[天堂湾]

天堂湾在历史上一直是捕鲸渔船的避风港和休憩的地方，有关南极的书籍中，总少不了关于它的传奇故事。捕鲸曾经是20世纪人们为获取高额利润，使用工具捕杀鲸鱼提炼鱼油而采取的一系列活动。如今捕鲸已被禁止，但在南极一些岛屿，仍有当年残留的船只及鲸鱼骨。

[南极半岛]

南极最多也最闻名的当数企鹅了，它肥硕的身体及走路时摇摆的韵律，用句比较流行的网络成语那就是“萌萌哒”。

[天堂湾]

在每年2月至3月底，虽然海冰融化较多，小企鹅基本长大，长得慢的换毛还没结束，样子比较诡异，鲸鱼在冰冷的海水里滑行嬉戏，此时最适合观鲸。

极地野生动物的观赏胜地

与南极洲其他地区比较，南极半岛气候更为温和，海湾被群山冰川包围，是野生动物的完美舞台。岛上有数目极大的海鸟、鲸鱼、企鹅和海豹，是南极景点中观赏动物的重要地点。在这里，成群结队的企鹅的知名度和出镜率极高，它们成双成对地摇摇摆摆，在冰面上自由自在地晃来晃去，或是一头扎进海水中戏水玩耍。它们憨态可掬，尤其可爱。游客可以在夏可港与阿德雷企鹅和金图企鹅群亲密接触，在洛克港的博物馆旁邂逅在此处筑巢繁衍的巴布亚企鹅。

南极半岛除了是数以百万计的企鹅的家园，也是著名的观鲸胜地，南极半岛海域里滋养着体型硕大的鲸鱼，这里的须鲸是众多鲸类物种中数量最大、品性最友好的鲸类，在此看鲸鱼在眼前喷水、摆尾是一种美好的体验。此外，南极半岛还有很多海狮、海豹和海狗，海豹总是一副懒洋洋的模样，挺着鼓鼓的“啤酒肚”倒在海滩或者躺在冰床上袒腹晒太阳。海狗虽然体型较小，但比海豹更凶。在此，人们能观赏到有着掠夺天性的贼鸥，也可以看到企鹅保护雏鸟对抗贼鸥的精彩一幕。由于南极半岛没有陆上食肉动物，因此这里的企鹅、海豹、海狗和鲸鱼等也对人类无所畏惧，相反对人类充满好奇。

南极半岛堪称南极洲极地多样化景观中的一颗明珠。这里苍茫的大地质朴无比，迎接旅人们的只有阳光和野生动物们，浮冰、冰山及鲸鱼一一在人们眼前呈现，有着神奇色彩的南极午夜日落也会带给人们极致的体验。

千年雪峰，万年冰川，明媚的阳光照射在平滑的海面上，又投射于冰山之上，光明寂静、倒影婆娑，干冷的空气、高耸的冰山和无穷尽的白色山峦，种种美妙的极地奇观，会满足人们对南极大陆最丰富的幻想。

南极，被人们称为第七大陆，地球上最后一个被人们发现、唯一没有人定居的大陆。这个平均海拔2350米，终年被冰雪覆盖的神秘之地即使在今天也是难以轻易接近的。除了它离我们的距离的遥远外，更因它和最近的南美大陆中间隔着一条德雷克海峡。

德雷克海峡以狂暴的西风和洋流卷起的巨浪闻名于世，并伴随南极大陆漂来的冰山，这一切都给过往船只造成了不小的麻烦，也隔开了南极与人的视线。

世界上最干燥的地方

泰勒干谷

这里是千里冰封的南极洲，终年的冰雪让这里荒无人烟，异常萧瑟。然而在这片一望无际的雪原中，却有一个神奇的未覆盖冰雪的地带：它是位于麦克默多海峡西部的泰勒干谷，这是南极大陆唯一没有冰的地方。

泰勒干谷位于麦克默多海峡，它边缘陡峭，呈“U”字形分布，这个干谷包括的范围很大，干谷内寸草不生，最早被称为“赤裸的石沟”。据研究，它是由冰川刻蚀而成的，冰川融化后不断地侵蚀这里，但不知道什么原因，这些冰川最后全部干涸，因此，这里变成了一片干枯的谷地。

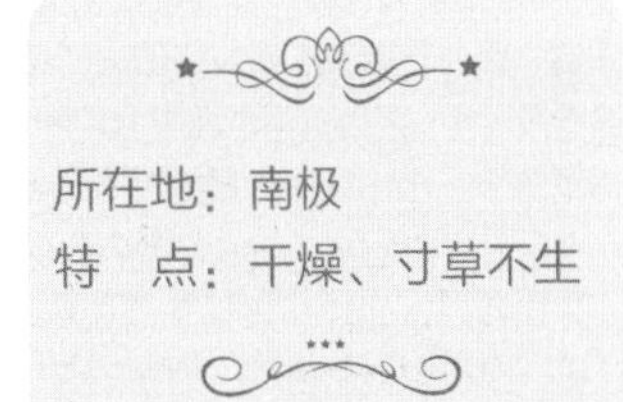

所在地：南极
特　点：干燥、寸草不生

这里是地球上最干燥的地方。据称，泰勒干谷已经有将近200多万年没有过降雨，与此同时，这里的年降雪量也只相当于25毫米的雨量。但由于地处南极，因此，这些微弱的雪不是被风吹走，就是被那些岩石吸收的太阳热量融化。在干谷内没有半片雪花，这和干谷的四周形成了鲜明的对比，不过即使是在这样严酷的环境里，人们仍然发现了光合细菌的存在。

[泰勒干谷]

这里虽然地处南极，却很少有冰存在，向下的风以高达320千米的时速横扫整个山谷和带走所有的水分。

整个泰勒干谷不含任何水分，干燥的空气能让动植物长时间地保存在干谷的干冷空气中，就像食物能在冰箱中长时间保存不变质一样。在干谷中，到处散布着死于数百年，甚至数千年前的海豹、海狮的尸体，由于气候极其干燥，因此它们形状依然保存完好。

[血瀑布]

1911年发现并且将照片发表在《国家地理》上的麦克说“因为巧合我们不得不在一个麦克默多干谷停靠一段时间，因为这里也算是我们考察的区域之内，就派遣了一个小队去内陆观测，没想到几十分钟后几个队员兴奋地通过无线设备叫我们去他们的位置，一开始我们以为他们遇到了什么麻烦，便火速赶了过去。我还带上了枪械，但是当我看到那座流血的冰川的时候，枪差点掉在了地上，它实在是太美了”。

1910～1912年，英国人斯科特率领探险队探察南极，队员泰勒发现了这个干谷。这个山谷呈褐色，到处都是沙砾和石块，这里没有植物，因此看不到任何生命的迹象，甚至连苔藓和地衣都没有。这里不下雨，也很少下雪，降雪量十分稀少。由于地理环境极为恶劣，因此泰勒将它称为“死亡谷”。后人用泰勒的姓名来命名了这一谷地，这就是泰勒干谷。

在泰勒干谷寸草不生的土地上，到处都是细碎的沙石，这里拥有奇特的地形，各种陡峭的岩石伫立在谷中，地貌坑坑洼洼，因此，这里也被认为是地球上最像火星地貌的地方。在干谷的底部存在着永久性冷冻湖，这些冷冻湖冰层达数米厚，在冰层之下盐度非常高的水域中生活着一些神秘却又简单的有机生命体，目前科学界对这些有机体的性质还没有定论 。

在泰勒干谷和邦尼湖交界处，有一处十分独特的景观，它被人们称为血瀑布。其实血瀑布并不是一个瀑布，而是一条表面呈血红色的冰川。在泰勒冰川附近有一个存在了约1.5亿年的海水池，血瀑布的红色就来自水池中的微生物。微生物的活动让海水富含氢氧化亚铁，这些成分一旦从冰川内部渗透，就会迅速氧化，变成血红色。

数百万年来，泰勒干谷用它极慢的节奏完成着独属于它的演进与变迁，而在这片十分干燥的谷地还藏着许多的秘密，随着这些秘密被揭开，南极这片神秘的地域也开始揭开真相。

《探索》杂志称：这些“血液”来源于400米的冰下富含盐分的盐湖，根据已发现的细菌生存活动，它们依靠硫和铁的化合物生活。这种细菌菌落或已被隔离了150万多年，甚至有科学家认为，细菌造就的“血冰川”提供了太阳系中存在类似外星生命的可能，如火星和木卫二极地的冰盖之下。

最新的实验室报告已经表明，在这种极度寒冷冰层下的无氧状态中有着新发现的细菌种类，它们已经存在了150万年甚至更长的时间，这些细菌和血瀑布特殊自然环境不无关系，这一研究结果也从侧面佐证了在火星也极有可能有着类似的生命体存在。

世界最高的活火山

埃里伯斯火山

南极虽然是一片冰雪世界，但它也是火山的王国。在这片冰川之下，曾发生过无数次的火山运动，其中最具有代表性的火山之一就是形成于130万年前的埃里伯斯火山，这座冰天雪地里的火山藏着无数的秘密。

埃里伯斯火山位于南纬77°33′、东经167°10′的南极洲罗斯岛上，它是地球最南端的火山，也是世界上最高的活火山，与此同时，它还是世界上少数几座拥有永久熔岩湖的火山之一。埃里伯斯火山海拔高达3742米，在20世纪初它曾有过火山活动，在20世纪70年代则来到了活跃期，这也使它成为世界上最被科学家密切观察的火山之一。

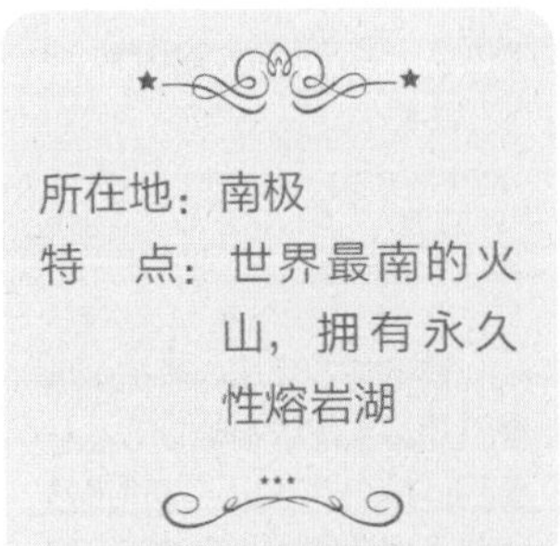

埃里伯斯火山的主火山口呈椭圆形，基座直径约30千米，火山口直径为500～600米，深100多米，火山的四壁十分陡峭，整座山体与日本的富士山十分相似。除了火山口外，整个火山坡上常年布满了冰雪、冰川、裂隙，来自火山底部的熔岩流所带来的热气常常从火山口升腾而出，整座火山看上去就像是一座漂浮在冰天雪地里的烈焰孤岛。它披着冰冷的外衣，但谁也不知道它什么时候会喷涌出浓烈的火焰，在冰与火的交替下，火山形成了一系列神奇的风景。

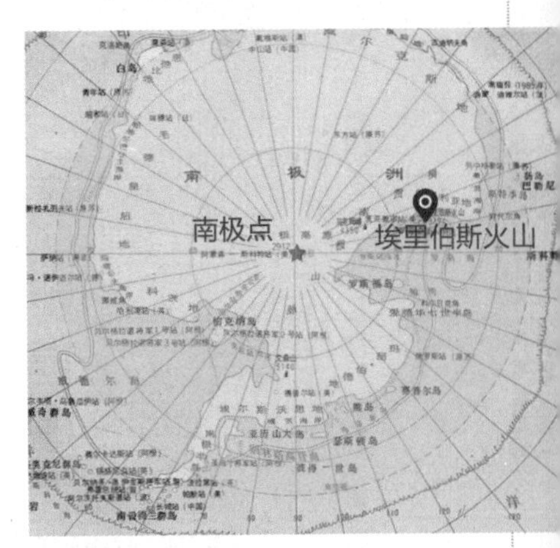

[埃里伯斯火山位置]

在南极洲罗斯岛的冰原上，耸立着许多巨大的锥状冰塔。它们有二三十米高，顶端冒着袅袅白烟；而在地表冰层以下，还有神秘的冰洞，洞壁上冰晶与冰花绚丽绽放。地上与地下的奇特景象，是埃里伯斯火山的热量与严寒气候博弈的结果。

埃里伯斯火山最早被发现是在1841年，当时，世界的地质科学还在萌芽状态。冒险家詹姆斯·克拉克·罗斯在探险的路上发现了这座火山，并将他的帆船名“埃里伯斯号”作为火山的名字，在冰封的南极大陆发现活火山在当时近乎是不可思议的事，因此，这一发现也引起了科学界的重视。1908年，欧内斯特·沙克尔顿率领

[埃里伯斯火山]

埃里伯斯火山于1900年和1902年再次喷发，随着80多年的沉睡，于1984年9月17日，埃里伯斯火山再一次爆发，此后，它就又成了沉睡的巨人，至今没有大的动作。

埃里伯斯火山内部的高温蒸汽通过岩层的裂隙上升，一直到达地表的冰层，蒸汽的热量先在冰层融出一个洞来，当热气夹带着融水喷出地面后，遇到常年低于-20℃的低温空气，水分立刻在出气口冻结成冰。在这样不断地融化、冻结过程中，出气口处“生长”出一座座冰塔，能达到二三十米高。这些冰塔广布于埃里伯斯火山周围，远远望去好像一根根巨大的冰烟囱，而烟囱的顶部，依然冒着白色的水汽。

南极地区气候条件恶劣，除了低温，一年有300天以上都是八级大风天气，所以“冰塔”长到一定高度，往往经受不住风力而坍塌。不过很快，老的冰塔倒下去，新的冰塔还会继续生长壮大。

的远征队第一次登上了火山山顶，近距离地观察了这座火山的形态。如今，这里已经成为了探险家和登山运动员的一个目标。

这座火山是世界上少数几座拥有永久熔岩湖的火山之一。在火山内是一个已形成多年的熔岩湖，这是世界上五大熔岩湖之一，它位于岩浆房顶端，在湖中有长期累积下来的热气腾腾的熔岩，它不断地冒着蒸汽，喷发十分频繁，会时不时地向外喷射“熔岩炸弹”，十分壮观。它就像是一条瞌睡龙，没有人知道它什么时候会苏醒，而当它苏醒的时候，也就是火山爆发的时候，这时，熔岩湖中会出现巨大的气体泡沫并爆破，将大量岩浆与熔岩块喷射至周围斜坡上，这也就是我们常说的火山。

埃里伯斯火山喷射的岩浆名为响岩，这是一种非常罕见的岩浆类型，它最奇特的地方就是拥有极高的黏度——据称，响岩的黏度是玄武岩的100倍，埃里伯斯火山是世界上唯一一个拥有响岩岩浆的活火山，而另外一个著名的拥有响岩的火山则是位于东非大裂谷的乞力马扎罗山，而它却是一座死火山，这两座火山都是从裂缝升起的非常陡峭的圆锥形响岩火山。

在火山的附近，伫立着许多高耸陡峭的冰柱，这些冰柱是由于地壳裂缝通风时将热气体排放到地表，这些热气体遇冷迅速冻结，进而形成了一片片高达数十米的冰柱，看上去就像是一片冰雪砌成的丛林。

在南极洲存在着众多不可思议的事情，就像埃里伯斯火山一般，神秘而又迷人。

生命的起源与终结同在

死亡冰柱

它被称为神秘而又恐怖的海底杀手，是所有海底生物闻之丧胆的“自然天敌”。只要它出现在海洋中，它所在海域内的所有生物都会在一瞬间被定格，进而死亡，而在这种诡异的杀手上却暗藏着人类生命的起源，它就是死亡冰柱。

在英国广播电视台录制的《冰冻星球》中，无数关于南北极地的神秘现象被一一揭开。其中最为震撼人心的就是片中关于“死亡冰柱”的片段，这是人类首次拍摄到“死亡冰柱”。其实，早在20世纪60年代，科学家就发现了“死亡冰柱”，但直到现代摄影技术的发展，人类才得以亲眼目睹这一壮观的景象。

死亡冰柱是指极地地区发生的一种自然现象。冬天，海面之上的空气温度会低于 -20℃，海水温度则为 -1.9℃。热量从温暖的海水进入冰冷的空气，当南北极下降到一定温度后，海水中的盐分就会被析出，这些咸水十分寒冷，密度也比其下的海水大，因此就会发生海水结冰现象，并呈柱状向海底延伸，这种冰不是一块紧实的冰块，而是具有许多毛细管构成的微网络的海绵状冰，它又能反过来吸收咸水，使其汇集，最终形成一个巨大的冰柱。死亡冰柱形成之后，接触到的新鲜海水也会迅速冻结形成一个冰管沉入海底，冰柱所到之处海洋生物都被冻死，这一自然现象被称为死亡冰柱。死亡冰柱并不会一直存在，毕竟再冷的冰也是会化的，死亡冰柱的冷能主要来自海面的低温，它形成后会不断吸取海面上的低温并向下延伸，其延伸的长度和直径会受到海面温度的影响，当海面回暖后，冷能来源慢慢减弱，冰柱也逐渐被海水融化，当海面彻底回暖后，死亡冰柱也会最终融化。

所在地：南极海底
特　点：所有海底生物的克星，潜藏着人类起源的密码

[死亡冰柱]

所有遇到死亡冰柱的生物最终都逃离不了被冻死的命运，这些冰柱还会威胁到正常潜水航行的潜水器，特别是在布雷区，水雷接触到冰柱会引起爆炸。

自古以来，人类对生命的起源有许许多多的探索，有科学家称，生命可能起源于海冰。他们称，海冰渗透出来的盐分提供了所有生命出现所必需的条件，而冰柱在盐分通过海冰进行运输的动态性中起着重要的作用，因此，“死亡冰柱”的形成，为第一批生命的诞生创造了必要条件，这也是著名的“地球或者宇宙其他星球上生命的寒冷起源”理论。

南极大陆上不冻湖

范达湖

南极大陆素有“冰雪大陆”“白色大陆”“世界寒极”之称，在这片1400万平方千米的大地上，几乎处处被坚冰所覆盖，这里的一切都失去了活力。但是在这里却奇迹般地存在着一个“不冻湖”——范达湖。

所在地：南极
特　点：永久不冻，在湖底藏着微型生物

范达湖距罗斯海50千米，它于1973年被科学家发现并进行研究，因为新西兰曾在这个湖畔建立了一个名为“范达”的考察站，因此人们都称呼这个湖为“范达湖”。范达湖约有66米深，在湖面上结着一层2～3米厚的冰，冰下的湖水十分清澈，浮游生物极少。随着深度的增加，湖水会形成明显的分层现象。范达湖位于赖特干谷中，这个山谷终年不降雪，更没有冰川的痕迹，在南极洲显得十分“另类”，但更为另类的则是谷中的范达湖。在范达湖中有一层4米厚的冰层，湖内水温约为0℃，但在15米深的地方水温却升到了7.7℃，深度越深，水温也就越高。到了50米，水温升高的幅度突然加剧，而在范达湖的湖底，水温则达到了25℃——是的，这是一个热水湖。

[赖特干谷]

在南极洲麦克默多湾的东北部，有三个相连的谷地：维多利亚谷、赖特干谷、地拉谷。这段谷地周围是被冰雪覆盖的山岭，但奇怪的是谷地中却异常干燥，既无冰雪，也少有降水，到处都是裸露的岩石和一堆堆海豹等海兽的骨骸。

1973年11月，科学家们发现了范达湖并对其进行了探秘，他们钻孔穿过范达湖的冰层和水层，进而钻入湖底岩层，取了岩心后，他们发现湖底的水十分温暖，但是湖底岩层却非常冰冷。除此之外，科学家们还发现湖底水的含盐量高出海水的10倍，而氯化钙的含量更是海水的18倍。

在过去的半个世纪里，围绕范达湖的“不冻”问题，科学界进行了大量的争论。但结果依然是莫衷一是，其中最具有代表性的两个观点就是太阳辐射说和地热说。

支持太阳辐射说的科学家认为，范达湖内的热源来

自于太阳辐射，夏天，强烈的阳光直射湖面，太阳光中波长较短的光线透过冰层和湖水，不断地对湖底和湖壁进行加热，其中一部分能量被湖层底部的盐水所吸收、蓄积，湖面的冰层产生了“温室效应”，阻断了热能的散发。湖底部的氯化钙能有效地蓄积太阳热，这种结构就像一个温室装置一样将夏季的热能存储了起来。但这个说法看似科学，却也得到了许多科学家的反对，他们认为南极夏季阴天非常多，因此，虽然日照长，但地面能接受到的太阳辐射十分之少，除此之外，冰面又反射了90%以上的热能，因此，不可能使底层的水温如此大幅度地增高。

[范达湖]

素有“白色大陆”之称的南极是地球上最冷的地区，那里终年冰雪茫茫，95%的大陆被厚达2000米的冰层覆盖，平均气温低达零下几十度。然而，这个在南极干谷区发现的湖，却以其难以置信的温度，深陷在莽莽的冰原之中，给极地考察和科学家们带来一串串难解的谜团。

而地热说则认为，在范达湖附近有活动的墨尔本火山和正在喷发的埃里伯斯活火山，因此，这一带地底岩浆活动十分剧烈，受地热影响，湖水的温度会出现上冷下热现象。然而，自从国际南极干谷钻探计划实施以后，科学家们发现范达湖所在的赖特干谷区中并没有实际意义上的地热活动，因此，这一学说也宣告失败。

除此之外，还有一部分人认为在南极洲冰层下，极有可能存在着一个由外星人建造的UFO基地，他们的活动散发出来的热能将冰融化后形成了范达湖。这一假说看似荒诞却也得到了许多人的关注。

到底为什么在南极这个干冷的世界会出现一个温暖的湖泊呢，到现在仍然是个未解之谜。

美国学者威尔逊和日本学者鸟居铁也等也是太阳辐射说的主力派。他们经过多年的研究提出了新的论点。他们认为，尽管南极夏季的日照时间特长，但由于天气终日阴沉，加上冰面的强烈反射，地面接收到的太阳辐射能的确少得可怜。然而，冰是有一定的透明度的，对太阳光有一定的透射率，因而表面以下的冰层也或多或少会获得太阳辐射的能量。加之该地风大，冬季积雪被风吹走，积雪层很薄，多为裸露的岩石，使得夏季地面吸热增多，气候较为温暖。长年累月之下，表层及以下的冰层的温度便有所上升，最后达到使之融化的地步。由于底层盐度较高，密度较大，底层水不会升至表层，结果就使高温的特性保留下来。同时，表层冬季有失热现象，底层则依靠其上水层的保护，失热微小，因而底层水温特高。近来，科学家们观测到底层水温有缓慢升高的趋势，而且发现氯化钙之类的盐类溶液能有效地蓄积太阳热，为这一理论提供了有利的依据。

世界上最大的冰下湖

沃斯托克湖

“零下九十一度的酷寒，滚滚红尘千年的呼喊，藏在沃斯托克的湖岸”在这首老歌中，你是否已经感受到了沃斯托克湖的冰冷与肃杀？然而，要想真切地感受沃斯托克湖的酷寒并非那么容易，因为它是一个与世隔绝的地下湖。

所在地：南极
特　点：世界上最大的冰下湖，存在液态水
…

沃斯托克湖是一个位于南极洲兰伯特冰川下方的淡水湖，它形成于3000万年前。这是南极洲140多个冰下湖中水体最大的一个，同时，它也是世界最大的冰下湖。这个位于寒极地区的湖泊长250千米，宽50千米，湖水深度约396米，大小与安大略湖近似。

1960年地理学家、南极探险家安德列·卡皮查最先确认了这个湖泊的存在。但是直到1993年，才依靠以卫星为基础的激光测高技术让科学家真正确定这个湖泊的具体位置及深度。1996年，一批俄罗斯和英国的科学家通过透冰雷达、镭射高度计及重力测量仪证实：尽管被冰封在厚实的冰层之下，沃斯托克湖拥有大量的液态水，这些液态水十分古老，大约形成在一百万年前。

[沃斯托克湖]

这个结论一经公布就引发了强烈的讨论。众所周知，水变成冰的凝固点为0℃，而沃斯托克湖内水体的平均水温为−3℃，那么，它为什么能保持液态呢？

其实，除了温度以外，水的凝固还受到另外两个因素影响，这两个因素分别是水质和气压，尽管沃斯托克湖内的平均水温低于0℃，但来自地心的地热能可能会使湖底的温度上升，而这就会让水维持液态，这就和温泉的原理一样。除此之外，湖上方厚重的冰冠会造成强大的压力，而这也会使凝固点降低。而第三点则是沃斯托克湖已经与地球大气隔离了长达数百万年之久，湖面上的冰帽像调节水压的封条一样阻止了湖水溢出和外部的空气杂质进入，这会让湖底的水体中缺乏凝结核，因此，也就使得湖中的水体能保持永不结冰的状态。

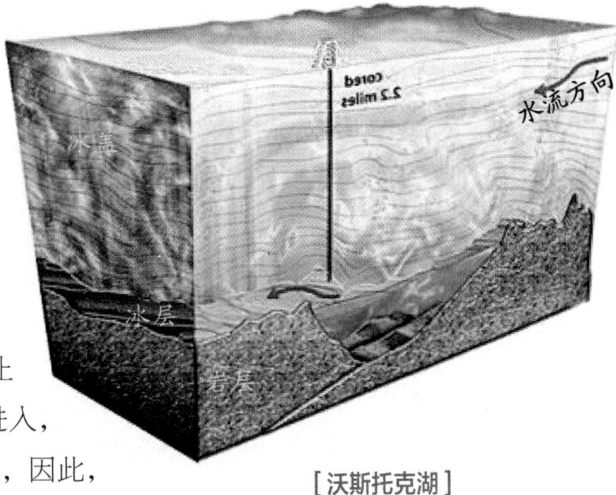

[沃斯托克湖]

科学家对湖泊中收取的水体样本进行 DNA 和 RNA 测序，发现了数千种细菌，还有甲壳类动物和环节动物等，沃斯托克湖显然是一个“生机勃勃”的小世界。科学家认为大约在 3500 万年前，南极洲的气候还比较适宜，可生长植物，一些动物也会在南极洲生存，组成了一个多样化的生态系统。到了 1400 万年前，海平面的急剧下降使得沃斯托克湖完全陷入了“黑暗”之中，这些生物大部分已经灭绝，剩余的物种通过不断演化逐渐适应了极端寒冷和黑暗的环境。

尽管永不结冰，但沃斯托克湖依然是一个贫养的极端环境，这里的养分十分有限且处于完全黑暗的状态之中。沃斯托克湖的湖水为氧气的过饱和溶液，浓度是淡水湖泊浓度的 50 倍。湖内的氧气及其他气体不只会溶解在水中，有的还会形成正十二面体晶体架构的晶笼——溶于水中的气体分子，在水结冰时，被水分子包围而形成的特殊结构。晶笼看起来就像是冰块一般，但它却极不稳定，一般只会在高压环境中存在，一旦压力减小，它就会像汽水一样喷射出来。

自沃斯托克湖被发现以来，关于湖中是否存在生命形式以及存在什么样的生命形式一直就受到了广泛猜测。1999 年，世界权威杂志——《科学》刊登了一篇论文，论文表示在距离沃斯托克湖体只有几百米的沃斯托克站下 3590 米处的积冰中存在微生物，随后，他们对积冰中的细菌进行了检查并发现积冰中存在低浓度状态的细菌，2012 年年初，经过几十年的前期战略部署工作，一队来自俄罗斯的科学家最终到达湖体并在湖水中收集了第一批样本并进行了检测。

在沃斯托克湖下到底还藏着哪些秘密？至今科学界众说纷纭，但它神秘的身份，也随着科学的发展渐渐被揭开。

沃斯托克湖里究竟有什么？对于这个答案，有俄罗斯通讯社猜测或许能找到纳粹遗迹。据说“二战”结束前，纳粹转移到南极，并在沃斯托克湖的位置建立基地。“据德国海军档案，1945 年 4 月纳粹投降，数月后一艘德国 U-530 潜艇从德国基尔港驶向南极……”互联网上不少阴谋论者都相信，第三帝国和希特勒的秘密就在此地。

世界上最大的冰川

兰伯特冰川

在广袤的南极大陆，分布着冰面湖、冰洞、冰钟乳等各种各样的关于冰的变体，其中，冰川是最常见却也是最壮观的形式，它总以缓慢的节奏进行着更替——不像河流般汹涌也不像瀑布般奔腾，但那壮观之景，却总能震撼人心。

所在地：南极

特　点：世界上最大最长的冰川，储藏着大量淡水资源

冰川又称冰河，它是水的一种变体，是会流动的冰。它是雪花经过一系列变化而形成的，雪落到地上会随着外界条件发生变化，经过长时间的积累后它会变成完全丧失晶体特征的雪状圆球，这被我们称为粒雪，它是冰川的“原料”。粒雪经过压实、重新结晶、再冻结等再次冻结，最终形成了冰川。冰川具有特定的形态，在温度变暖后，它会发生融化，最终变成地球上十分重要的淡水资源。全球冰川面积有 1600 多万平方千米，约占地球陆地总面积的 11%，它们主要分布于地球的两极及中、低纬度的高山区，而两极地区几乎全部被冰川所覆盖。

兰伯特冰川位于南极洲，覆盖在世界上最大的冰下湖——沃斯托克湖之下。它是世界上最大最长的冰川，“流淌”在一条 400 千米长、64 千米宽、最大深度达 2500 米的断陷谷地中。相比于其他冰川，兰伯特冰川的流动速度十分缓慢，它每年约以 230 米的速度缓慢流过查尔斯王子山，在阿梅里冰锋区流速突然加快，最快可达每年 1 千米，尽管如此，但它的平均流速仍然只有每年 350 米，与世界上流速达每年 700 米的艾斯布雷冰川相比，兰伯特冰川可谓是小巫见大巫。尽管它流动速度并非最快，但它冰体的移动量却十分巨大，每年约有 35 立方千米的冰通过兰伯特冰川，以查尔斯王子山段为例，

[兰伯特冰川]

每年兰伯特冰川流经这里的宽达 64 千米，如果把向海延伸的阿梅里冰架包括在内，那么它大概下泄南极大陆约五分之一的水量——这相当于地球上约 12% 的淡水都通过兰伯特冰川流向大海，最终在流经途中形成了南极洲三大冰架之一的埃默里冰架。

[兰伯特冰川]

1956 年，一批飞经此地的澳大利亚飞行员发现了兰伯特冰川。1996 年，位于兰伯特冰川下的最大的冰下湖泊沃斯托克湖被发现。

当从空中向下鸟瞰时，兰伯特冰川的表面分布着大小不一的流线状的痕迹，这些痕迹被称为天然冰垄，它就像在一块巨幅的油画布上用颜料留下的刷痕一般，向人们指明了冰川的流向。在冰川的表面，人们可以明显地看到呈现出的梯形排列的裂隙带，这些隆起和裂隙带有些是因为冰川流速不同而成的，而另一些则是因为不规则的冰川形状或沿途遇到障碍物时冰川被积累形成的。随着冰面坡度的变化，在冰川带会形成一个冰裂隙区，它被称作冰瀑。冰瀑是由于天气寒冷，水流流到低于 0℃的地表后而形成的，相当于流淌的冰。当冰瀑流入阿梅里冰架时，冰川开始环绕吉洛克岛流动，于是会形成无数的大裂隙，这些裂隙最宽处能达到 402 米，最长处达 402 千米。

在未来，因为储藏着大量的淡水资源，冰川将会成为人类生存的重要依托，人类与冰川的关系也越来越密切。

世界第五大洋

南冰洋

在地理课本上，我们曾学习了传统的七大洲、四大洋，但实际上，靠近南极洲有这样一片名叫南冰洋的水域，它在2000年被国际水文地理组织确定为世界的第五大洋，它是世界上唯一一个完全环绕地球却没有被大陆分割的大洋。

所在地：南极
特　点：世界上第五大洋，存在许多珍稀动物

南冰洋也称为南大洋，它面积约为2030万平方千米，主要由一部分的南太平洋、南大西洋和南印度洋连同南极大陆周边的威德尔海、罗斯海、阿蒙森海、别林斯高晋海等共同组成。南大洋并不是严格意义上从地理学划分出来的，而是从海洋学的角度划分的，因为它具有自成体系的环流系统以及独特的水团结构，并且对大洋环流起着重要作用，因此，它成为了世界上第五个被确定的大洋。

南冰洋是一个非常年轻的大洋，科学研究发现，它形成于3000万年前。当时南极洲和南美洲才刚刚开始分离，随后环绕南极洲的洋流开始出现，南冰洋在海流、水团、海冰等方面与其他四大洋相比，有很大的特色。

［南冰洋］

在南冰洋中存在许多重要的海洋生物，包括海鸟、龙虾、巨蟹、海豹、企鹅、鱼类以及各种珍稀鲸类。曾经，这里的须鲸数量位居全世界之首，总数约为100万头，蓝鲸、缟臂须鲸和南方露脊鲸、长须鲸、黑板须鲸、巨臂须鲸等各种须鲸在这里自由自在地生存，然而，自20世纪90年代起，商业性的过度捕捞在这一带开始进行，在短时间内，这一带的须鲸总数下降了60多万头，海洋生物岌岌可危。

当然，尽管世界上许多国家都将南冰洋作为世界第五大洋，但学术界依旧有科学家不认同“南冰洋”这一称谓，他们的依据就是南冰洋存在中洋脊，我国就是其中之一。

神秘的现代城市群

南极腹地

在所有的形容词中有两个词最能概括南极的胜景——美丽和神秘，在南极腹地——这片多年无人问津的土地上，出现过许多诡异的事件，有人说这是外星人在地球上的据点，也有人说这里受到诅咒，多年来一直无人解开谜团。

所在地：南极

特　点：惊现现代化都市群

1998 年，美俄两国的人造卫星在面积 500 万平方千米的南极大陆腹地同时发现了一座现代化的“城市”，这座城市的建筑风格十分特别：尽管四周是一片温度低至 −65℃的荒漠，但城市却十分繁华，甚至可以说是“超现代化”：宽阔的马路，成荫的绿林，圆形的屋顶，看上去科技感十足。在城市的四面有一层看不见的隔寒层，据美国人造卫星测定，这座城市使用了类似核能源的发电装置供市民使用。

那么问题来了：南极大陆一年四季都被冰雪覆盖，鲜有人至，在这里建立城市就像是天方夜谭。且不说食物补给十分困难，就光是这终年零下的气温，也让许多人望而却步，那么，到底是谁在这片冰雪大陆上建立了一个如此现代化的城市呢？

1975 年，美国曾派出科学家乘一架直升机前往南极腹地探路，然而在飞行过程中遇到了死光。这是一种十分异常的天气现象，太阳光在冰雪与云层之间来回反射，会产生一种类似于万花筒的“镜筒效应”，这种效应会使周围所有的东西突然全部“消失”，只剩下白茫茫的一片，于是这架飞机最终不幸遇难，关于南极腹地的探索暂时中止。

关于这座城市的真实身份至今仍未揭晓，但这却给人类认知外星物种提供了新的思路。

1979 年，科学家发现了关于这座城市的端倪。俄罗斯科学家发现有一架雪茄形的长形飞碟途经苏联的南极科学考察站飞向南极腹地，经雷达追踪，飞碟的飞行方向正是那座神秘的现代化城市。因此，有不少科学家认为，这座南极洲上的神秘城市是由外星人建造的驻地球据点。

世界上最大的冰架

罗斯冰架

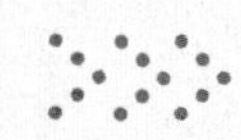

这是南极洲的最大屏障之一，它就像一个卫兵一样夜以继日地防止整个南极冰盖滑向海洋。在看到它之前，人们可能想象不到世界上竟然有如此之大的浮冰，但它已经在南极大陆存在了数千年，它就是世界上最大的冰架——罗斯冰架。

所在地：南极
特　点：世界上最大的冰架，每年会向海面延伸 300 米到 760 米

冰架，又称冰棚，它是指连接大陆和海洋的大面积固定浮冰，陆地上的冰河在流入海洋的过程中因为温度过低而冻结，最终形成了冰架。目前，在世界上只有南极洲、格陵兰和加拿大的海岸存在冰架，而南极洲分布着 44% 的冰架。南极冰架总面积达 140 万平方千米，占南极冰盖总面积的 10%， 因为冰的密度比水小，因此，冰架浮出水面的部分只占冰架总体积的十分之一。又因为冰架表面平坦，许多国家都将科考站和机场选址于此，冰架也就成为了南极大陆上“浮动的城市”。

罗斯冰架是世界上最大的冰架，它位于南极洲的爱德华七世半岛和罗斯岛之间，这是一块巨大的三角形冰筏，它位于海平面以上 200 米处，东西长约 800 千米，南北最宽约为 970 千米，最厚有 750 米，总面积约 52 万平方千米，如果拿国家作对比的话，罗斯冰架的面积比西班牙的国土面积还要大。这座巨大的冰架几乎塞满了南极洲的一整个海湾，海湾四周冰壁陡峭，站在罗斯冰架上，仿佛置身在一个冰雕玉砌的世界，这种美，像水晶一般晶莹剔透，洁白无瑕。

[罗斯冰架]

1840 年，前来南极进行科考活动的英国船长詹姆斯·克拉克·罗斯一行人在一次定位南磁极的考察活动中发现了罗斯冰架并以船长罗斯的名字对冰架进行

[罗斯冰架]

罗斯冰架上的融水池。西南极半岛成为世界上暖化速度最快的地区之一。在过去三十年间，南极半岛的阿德利企鹅数量骤减了近90%，南极半岛唯一的皇企鹅群落现已完全消失。

了命名。来到南极时，他们被困在了这里，苦苦寻找仍然找不到出路。

1911年，世界上发生了一件重要的事——来自英国和挪威的两人探险队开展了一场“谁能最先到达南极点”的竞赛，这是世界上第一次开展以南极点为目的地的竞赛活动，而罗斯冰架就是这次竞赛的起点。到达罗斯冰架的过程十分凶险，南极洲以北的地区属于西风带，这里常年风暴不断，旋涡频繁，风高浪急，被旅行者称为“魔鬼西风带”，为前往南极的旅行者们设置了一道天然屏障。越接近罗斯冰架，这里的冰就越坚硬，只能通过破冰船砸碎海面的冰层才能行走。

挪威队从鲸湾出发，英国队则从罗斯岛出发。最终，挪威队比英国队提前一个月到达了南极点，而挪威队领队罗尔德·阿蒙森成为了到达南极的第一人。

罗斯冰架虽然庞大，但受地球变暖的影响，它每年都在静静地漂移着。据调查，罗斯冰架每年都会向海洋延伸300米到760米。伴随着它的移动，大块的冰会从冰架上脱落，形成小冰山后浮去。这些冰山大多流入海洋，推动海平面升高。

罗斯冰架是独属于南极洲的奇迹，它无边无际，雄伟广阔，是人间胜景。但与此同时，它也脆弱不堪，极易消逝，这片美景是否能留存于世，最终取决于人类。

据《新西兰先驱报》消息，惠灵顿维多利亚大学南极研究中心科学家南希·伯特勒博士和她的研究团队，在最近采集的南极冰芯样本中发现像海洋沉积物的物质。她说，从科研角度而言，这是令人兴奋的发现，但从人类角度看，这是非常可怕的事情，这意味着罗斯冰架大部分可能再次出现不稳定情况，其影响会是“巨大的”。

由于气候不断变暖，冰架的边缘每年都会破碎，形成一个个冰山或者冰块，漂浮在海面。2002年5月，一座约201.2千米长的冰山从罗斯冰架上脱落。科学家们担心，南极已经陷入了气候变暖的恶性循环圈，平均气温不断上升，海水不断变暖，会有更多的冰架融化崩溃。

地球上最南端的博物馆

拉可罗港

这是一座饱含历史沧桑感的岛屿，曾经在战争中“身负要职”的它在战后被废弃。如今经过修缮后，它成为了南极一个十分著名的旅行地，这里有地球上最南端的博物馆和邮局，被人们称作南极的信使。

所在地：南极洲
特　点：世界上最南端的邮局及博物馆，每年有上万封信寄往世界各地

拉可罗港位于南极洲的高迪尔岛上，它建立于1941年，这里是南极最受欢迎的景点之一。每年夏季，都有许多来自四面八方的游客到这里造访。这个港湾十分美丽：晶莹剔透的冰川、雄伟壮观的冰架分布在这个港湾的周围，一群群企鹅晃动着微胖的身子，摇摇摆摆地在港湾上“散步”。

拉可罗港是人类在南极最先开发的港湾之一，二战期间，它曾是英国 “塔伯伦计划”中的秘密基地，战后它被用于科研，但由于寻找到了更为适合做考察站的港湾，1962年拉可罗港被英国抛弃。1996年，“南极洲遗产基金会”投入资金将这里改建成了一座博物馆，供游客了解南极的历史及考察队对这里的研究成果。于是，地球上最南端的博物馆由此诞生。

[拉可罗港博物馆]

英国在南极的高迪尔岛拉可罗港有一个科考站，叫A基地，位于南纬64°49′，西经63°29′。1962年被弃。1996年才被“南极洲遗产基金会”改装成为对公众开放的南极科考博物馆。

这座博物馆其实就是一座小房子，这座房子呈坡形，房内的设施基本上维持了当年基地的原貌，在厨房里放满了当年用于装石油的圆形铁皮桶。在卧室有一张十分狭窄的床，床上放置着当年基地官兵的生活用品。房子的外面放着耙犁、车轮等工具，除此之外，还插着一面英国国旗，有许多当地的巴布亚企鹅在英国国旗下筑窝，十分可爱。

但拉可罗港最知名的并非是这里的博物馆，而是邮局。在拉可罗港里有世界上最南边的邮局，因此毋庸置疑，在这里最受旅客欢迎的就是南极明信片。1996 年投入这里的那笔资金，让这里的一个小邮局重新开业，游客可以在该邮局内购买明信片，所有的明信片都会被贴上独属于南极的邮票，随船运到英国，最后再从英国寄到全世界。但要想把这张独属于南极的明信片寄回自己的国家，却是一个没有准信的事情。因为每年来到这个港湾的船只很少，因此，明信片的旅程会十分漫长，两个月、半年甚至一年不等，当人们快要忘记了有这样一张明信片的时候，它也许就姗姗到来了。但即使如此，仍然有许多的旅客在这里把数以万计带有祝福的明信片邮寄到世界各地。

除了将邮票寄回自己的国家，人们还可以在邮局留下自己曾经来过的痕迹。在拉可罗港的邮局墙上，有一块专门用来张贴信息、留言的白板，很多船员、南极的访客，都会将自己想说的话写在明信片、信笺，或者便条上，像许愿纸一样张贴在这里。而这些，也许是人们唯一可以留在这个岛上的东西。

除了邮局，这里还有无数可爱的企鹅。在邮局的周围，无数巴布亚企鹅在这里筑巢繁衍，没有人知道这群小精灵何时在这里扎的根。这些成群结队的企鹅十分壮观，成为这里一道美丽的风景线。

拉可罗港的美丽，带着许多的人文色彩，博物馆、邮局，这些在人间才会有的东西，也在南极“生根发芽”，而这便是人类探索南极的见证。

[拉可罗港博物馆门前]

该博物馆中的工作人员都是来自英国的志愿者，除了明信片的邮寄，还可以购买纪念品，因为所有的收益都将汇入南极遗产基金会，用于保护南极遗产。有趣的是，基金会每年都会把飘扬在博物馆门前的旗子拿出来抽奖，幸运的会员将得到它留作纪念。

[拉可罗港博物馆内邮桶]

这个邮局最早设立于 1944 年，到 1962 年废弃，直到 1996 年的 11 月 25 日重新开始运营。令人惊讶的是，仅在 2003 年到 2004 年间，这里的邮局就从南极向全世界 116 个国家邮去了 40000 张明信片！南极的问候从这里飞向世界各地。当然它的邮寄速度可能会很慢，甚至超过半年也是有的。

最“纯种”的南极洲岛屿

赫德岛

这是一片原始纯粹的生态处女地，在物种交换如此频繁的今天，它却仍然保持着最原始的血统，这也许与它是一片无人定居的荒岛有关，但正因为这样，它也成为了旅行者的天堂。

所在地：印度洋南部

特　点：世界自然遗产，唯一没有外来野生物种影响的岛屿

[赫德岛]

1833年，英国水手彼得·肯普来南极洲捕捞海豹时首次发现了赫德岛，1853年，美国船长约翰·赫德登上并深入观察了赫德岛，并以自己的名字来对它命名。1855—1880年海豹捕捞期间，来自世界各地的捕捞船只在此会做一年或更长时间的停留。1874—1947年间，一些科学考察者会在岛上做1～2天的短期停留，1955年澳大利亚的考察站建成以后，考察者会在此做一年左右的逗留。在1996年2月制订了对两岛的管理计划后，不经许可任何人不准进入岛内，以免对自然与环境造成损害。

赫德岛位于印度洋南部，它距南极大陆1700千米，是澳大利亚的海外领土，赫德岛上的物种十分稀少，但它却是洞穴类海鸟——比如海燕的天堂。与此同时，赫德岛还是世界上唯一没有任何外来野生物种影响的南极岛屿，这里海鸟与哺乳类动物的繁殖非常稳定。因此，它拥有地球上最为纯粹且处于原始状态的岛屿生态系统，自然及生物价值十分高。1997年，赫德岛获选为世界自然遗产。

赫德岛是世界上最为靠近南极活跃火山的岛屿，它由石灰石和火山喷发物堆积而成，这里的地形以山脉为主，除此之外，还有礁石以及岬角，岛上覆盖着80%的冻土。在岛上存在着火山、冰河和喀斯特地形，从海岸线的特征我们可以明显地看到在地质运动下不断变化的地貌和冰河动态。

为了确保当地生态系统的完整性，也为了有效地保护当地特有的野生动植物，澳大利亚政府于1953年和1987年先后制定了《赫德岛和麦克唐纳岛法令》《环境保护和管理法》，法令严格禁止干扰岛上动植物的生长的一切活动，主要包括引进任何动植物，在岛上采集标本以及驾驶汽车、使用武器及建立永久性建筑等。

因此，赫德岛上的动植物有幸过上了不被人类打扰的生活，而这里也变成了世界上最“纯种”的岛屿。

世界上最深的海峡

德雷克海峡

这是世界上最知名的海峡之一，它拥有最深和最宽两项世界纪录。它也是地理教科书上时常提及的南美洲和南极洲的分界线。但它最神奇之处远不止如此，鲜少人知道，这个伟大海峡的发现者竟然是一个海盗。

所在地：南美洲

特　点：世界上最宽和最深的海峡，风暴频繁

……

德雷克海峡位于南美洲南端与南设得兰群岛之间，它是世界上十大最著名的海峡之一，同时，它也是世界上最宽和最深的海峡，其宽度最长达到970千米，深度为5248米。如果把两座华山和一座衡山叠放到海峡中去，海水会将它们全部覆盖。由于靠近南极，这里表面水温十分低，在0.5～3.0℃之间，表层漂浮着许多的浮冰，从南美洲一直往南极洲漂去，这片海域磷酸盐、硝酸盐和硅酸盐等营养盐类十分丰富，因此，在这里生活着许多海洋生物。

由于德雷克海峡处于南半球高纬度地区，且太平洋、大西洋交汇于此，因此，风暴成为受到西风带影响的德雷克海峡的常态。太平洋和大西洋的狂风巨浪似乎都聚集在这里，不管在任何时候，这里的风力都在八级以上。因此，即使是万吨巨轮，在面对这片“凶悍”的海面时，也不得不小心翼翼。毕竟历史上曾有无数船只、巨轮在这里被风浪卷入海底。航海人也形象地将德雷克海峡称为“暴风走廊”“魔鬼海峡”以及“死亡走廊”。

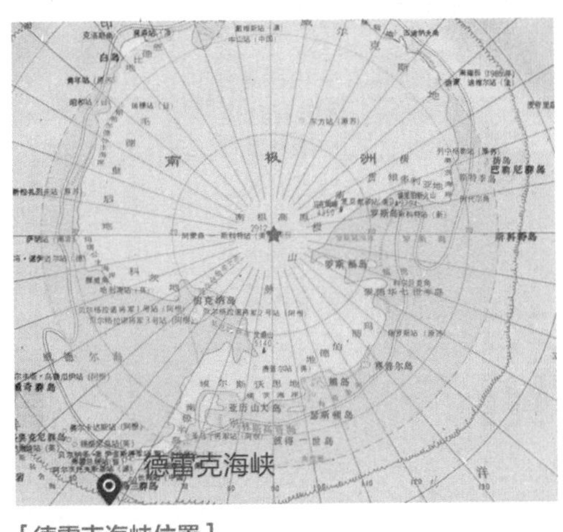

[德雷克海峡位置]

1525年，西班牙航海家荷赛西在这一片海域发现了这条航道，并通过航道驶过了这一海域，但当时并未知名。16世纪，当时仍是世界霸主的西班牙占领

私掠许可证批准一个人（称为“私掠者”）攻击并俘获敌人的船只，将他们带回（本国的）海事法庭受惩并出售。带着私掠许可证在海上为获利而巡航，被看成是一种将爱国主义与利润结合在一起的光荣的召唤，这与未获执照的海盗行为截然不同，后者受到普遍的咒骂。

——来自于维基百科

了南美洲，为了切断南美国家与其他国家的贸易联系，他们封锁了航路，禁止了一切船只通行，这意味着太平洋变成了西班牙的私有海域。这时，一位名叫德雷克的英国商贩在经过太平洋时受到了西班牙的攻打，最终船只被损毁，全船只剩他一人侥幸逃脱，为了报复西班牙，德雷克创建了专门抢劫西班牙商船的海盗。英国王室知道德雷克后，不仅未对他进行惩罚，反而授予了他“私掠许可证”，公开支持德雷克在这一带进行抢劫活动。虽然获得了英王室的支持，但他却受到了西班牙王室的

［德雷克海峡］

要去南极，德雷克海峡是必经之地，这片“暴风走廊”成为了进入南极的许可证——对进入南极的人进行生命的检阅。

追捕，在一次躲避西班牙军舰追捕的过程中，德雷克无意间发现了这一海峡。该海峡的发现，打破了西班牙在海上的封锁，回到英国后，德雷克将抢来的金银财宝的一半交给了英国政府作为“税金”，这些金银的价值竟然超过了王室一年的收入，他也因此成了英国王室认可的民族英雄。直到今天，在他的家乡依然矗立着他的雕像，英国人将他吹捧成了爱国标兵，为了纪念德雷克，该海峡就以其发现者德雷克的名字命名。

随着巴拿马运河的开通，危险系数极高的德雷克海峡逐渐被航海家们所摒弃。但德雷克海峡的另外一个要塞地位却凸显了出来——它是从南美洲进入南极洲的最近海路，同时也是人们赴南极科考的必经之路。随着人们前往南极大陆的步伐不断加快，德雷克海峡——这条被航海家抛弃的航道被赋予新的战略意义。

德雷克海峡是以发现者——16世纪英国私掠船船长弗朗西斯·德雷克的名字命名，德雷克本人并没有航经该海峡，而选择行经较平静的麦哲伦海峡。

事实上，德雷克并不是第一个发现的人，早在1525年西班牙籍航海家荷赛西(Franciscode Hoces)已发现这条航道，并亲自驶船经过这个海峡，他把海峡取名为Marde Hoces，可惜这个名称没有广为流传。

从这里，登上南极大陆

纳克港

这里是尖凸企鹅的聚集地，也是阿根廷难民的避难所，这里有奔腾跳跃的小须鲸，也有几近灭绝的毛海豹，但这里最让人兴奋的还是这里的特殊身份——沟通南美洲和南极洲的“桥梁”。

纳克港被众山环抱在幽静美丽的安沃尔湾，这是一条深入南极半岛的海湾，风景十分壮美，海湾的两侧遍布着连绵的山脉以及高耸的冰川，这些雄浑壮阔的冰川成为了纳克港的天然屏障。在这片冰封的港湾内，曾经生活着众多的稀有动物，但由于种种原因，这些稀有动物大都已经离开了这片地区。除此之外，这里还是阿根廷人的避难所，由于距离阿根廷十分近，因此无数在当地犯事的人都逃往这里。

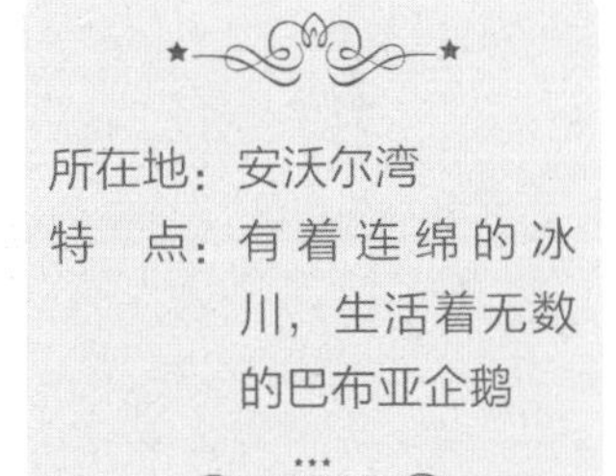

所在地：安沃尔湾
特　点：有着连绵的冰川，生活着无数的巴布亚企鹅
…

在纳克港尽头的雪山坡上，是这里最后一片企鹅的聚居地。巴布亚企鹅选择了这个风景优美的港湾作为自己永久的家园，同时也在这片冰天雪地中奏响了生命的乐章。人们可以找一个略高的小山丘，和企鹅一起呆呆地坐着，欣赏安沃尔湾的巍峨美景，但请不要去打扰这群南极的精灵。

[纳克港]

纳克港是比利时探险家阿德瑞恩·德·哲拉什于1911年发现的，并以当时他所乘坐的“纳克”号对这里进行了命名。尽管这是一次伟大的发现，但却隐藏不了它血淋淋的目的。这是一艘来此地进行鲸鱼捕捞的船只，当时，许多贪婪的捕鲸人都来到这里肆意地捕捞鲸鱼并在当地进行鲸产品加工，他们几乎灭绝了这个地区的鲸类和罕有的毛海豹，如今在这里已经很难找到这些珍稀动物的身影。

当然，纳克港最引人注目的原因在于它是能登上南极大陆的仅有的几个地点之一，且相对于其他地点，这里十分安全。因此，许多前往南极的科考队和探险家都将这片地区作为自己踏上南极的起点站。

世界最南端的温泉

欺骗岛

南极，被称为“世界寒极”，这里年平均气温约为 -25℃，最低温度约为 - 89℃。但是，在这片冰天雪地中藏着一片海域，人们可以在里面洗热水澡，这里就是传说中的欺骗岛。

所在地：南极洲
特　点：南极洲三大活火山之一，拥有世界上最南端的温泉
…

欺骗岛位于南极洲东北端南设得兰群岛，这是一片黑色火山岩形成的小岛，它形成于远古冰川纪时期，随着南极海底火山的喷发，火山口出现了塌陷，于是形成了这个天然港湾。

欺骗岛名字的由来充满了传奇色彩：据说在 20 世纪初的一天，南极海域出现了大雾，几个在南极海域的捕鲸人偶然发现在雾中有个小岛，可这时海水突然涨潮，这个岛立马又消失不见了，“欺骗岛”的名字由此产生。除此之外，有关欺骗岛的名字还有一个说法，这与人类对南极海洋动物的肆意捕杀有关。据称，最初来到欺骗岛的捕鲸人，为了能将这里资源独占，便隐瞒了欺骗岛的地理位置，随后他们将船停泊在了这里，并将鲸鱼驱赶进港湾，在这里进行十分疯狂的捕杀活动。

[欺骗岛]

欺骗岛是南极所有景点中最为热门的一处。据记载，这里是人类最早开拓南极的地方，这里见证了整个南极大陆血腥的开拓史。沿着岛屿行走，人们就像来到了一个废弃的工厂：海滩上遍布着用完的鲸油罐，已经被“肢解”的木船、巨大的鲸鱼骨架以及残破不堪的木房子，这些记载着自 1918 年以

[欺骗岛上炼油遗迹]

从 1905 年起，捕鲸船就开始在这里加工提炼鲸油和鲸产品，后来在国际鲸鱼保护组织的干预下被迫关闭，留下的一片片厂房和鲸油储存罐以及片片鲸鱼骨，都说明了当时捕鲸的兴旺，现在看起来又是多么让人触目惊心。

来人类对这里所做的一切。那一年，英国发现并占领了“欺骗岛”后，自此便在这里大肆捕杀鲸鱼，炼制鲸油，对当地的生态环境造成了极大的破坏。在鼎盛时期，欺骗岛上血腥味弥漫，处处都是鲸鱼的尸体，据当年英国人留下的木牌上记载着，到 1931 年，英国人在此已经炼制了 360 万桶鲸油，这一数字曾经震惊世界。

欺骗岛上的火山是南极洲最为著名的三大活火山之一。据说欺骗岛活火山平均35年就会爆发一次。1967年，欺骗岛火山突然喷发，岩浆和浓烟升腾到几百米的高空，岛上所有的建筑在顷刻间化为乌有，多个科学考察站在这次火山爆发中被化为灰烬。火山喷发后，岛上所有的考察站被迫关闭，因为地理条件不适合，岛上再也没有建立过大型的科考站。火山活动的活跃，也为这里带来了多处温泉，这里是南极唯一能够进行海水温泉浴的旅游胜地。不过，尽管有温暖的热水，在这个冰天雪地的小岛旁泡澡，人们需要具备良好的身体条件和心理素质。

自从人类走后，帽带企鹅成为了这里的主人，除此之外，人们还可以看到南极特有的岬海燕，它们呆萌的样子让人忍俊不禁。不过可能是因为火山的关系，这里的企鹅数量相对较少，倒像是几只走散的企鹅来到这里“旅行”。但尽管如此，生活在这里的帽带企鹅也在这里搭建了自己的窝，与其他南极小岛相比，这里的石子取之不尽，因此，生活在这里，企鹅不需要为了建房子的材料而大打出手。

[欺骗岛的动物乐园]

废弃的鲸鱼加工基地现在已经成为企鹅和信天翁的乐园。

最后一片净土

布朗断崖

这里的冰川和雪山延绵一片，纯净无瑕的天空没有一丝阳光，水面上的浮冰发着幽幽的蓝光——这是漂浮着的断裂的冰块，这是南极洲的第一站，只有站到了这里，人们才能真真切切地感受到南极的魅力，这里就是布朗断崖。

所在地：南极洲
特　点：南极旅游的起始站，有南极雪燕，景色十分美丽…

布朗断崖位于南极海峡的附近，是一处高达 745 米的冰川悬崖，这里是南极半岛的最高处，也是在南极旅游的起始站。在布朗断崖上有一座拥有近万年历史的死火山。在火山上，到处是熔岩“炸弹”，这些“炸弹”不时喷发，十分惊险。

如果说在来到南极洲之前，你的旅途一直是穿梭在各种岛屿之上，那布朗断崖对于你的意义就非同一般了，因为这才是真正意义上的南极大陆，它就像是世界上最后一片净土，让所有来这里的人都不由得有种肃然敬畏之感。

因为火山运动与冰河变化，布朗断崖具有十分特殊的地形。这是一座约有两百层楼高的断崖，多处因海冰封闭不易登陆，适宜接近的海岸线仅约 3 千米，沿岸冰雪覆盖的高耸断崖景象十分壮观。登陆布朗断崖，人们会感觉像是到了另外一个星球，或是到了《冰雪奇缘》中长公主艾莎逃亡的那座雪山。这里的景色美轮美奂。海鸥在头顶飞翔，和大自然融为一体；数不清的企鹅像是一个个小精灵。在岛上有大型的尖图企鹅群栖处，在这里还有一块约两万只的阿德雷企鹅的大型抚育场所。岛上还有十分罕见的南极雪燕，这些南极雪燕在海拔较高的崖壁上筑巢，威德尔海豹也是这里的常客。

［布朗断崖］

柯达画廊

利马水道

这是一条十分美丽的水道，被来这里的人们称作“柯达画廊”。在水道两侧矗立着亘古不化的冰山，这些冰山线条华丽，晶莹透亮。两岸冰山中间夹着一片静谧的水面，浮冰在暗蓝色的海水中漂漂荡荡，让人看得心生敬畏。

利马水道又称雷麦瑞海峡，它是位于大陆和岛屿之间的狭长海域。长 11000 米，宽 1600 米的利马水道是南极洲最漂亮的航道之一。这道海峡十分有特色，它建立在南极半岛和一座冰雪覆盖的小岛之间，受到两岸冰山、浮冰和冰川的堆积挤压，十分狭窄。利马水道是由一个比利时探险家取的名。当时无数探险家来到南极大陆进行探索，他们在探索时发现了许多精妙绝伦的景观，这些大概是他们探索南极时的消遣。

去利马水道必须有一艘坚挺的破冰船。在路上会遇到无数浮冰，但当到达利马水道后，人们一定会惊讶于这里海水的平静，波澜不惊的湖面只有偶尔漂荡着的几块浮冰。两岸群山被冰雪覆盖，悬崖峭壁倒映在清澈的湖面上，宛如画卷，让人们不由得按下手中的快门。

除景色壮观美丽之外，人们还可以在浮冰上找到栖息的海狗。它们在冰块上自由地跳跃，一起构建了一个无拘无束的冰雪世界。利马水道的迷人之处不可言喻，除了美妙的风景，还有独属于这里的奇特。由于十分狭窄，因此在这一带航行存在着一定的风险，这条雄伟壮丽的河道带有几分诡异的气息，迷人之余却也让人畏惧，像是要将人吸引进去一般。

[利马水道]

南极的地球村

乔治王岛

世界极地探险家、诺贝尔奖获得者南森曾说：“灵魂的拯救，不会来自于忙碌喧嚣的文明中心，它来自孤独寂寞之处。”在冷艳的南极，每一处都像是一个孤单的丛林——除了一个地方，这里就是乔治王岛。

所在地：南极洲
特　点：驻扎着许多国家的科考站，可爱的企鹅
…

乔治王岛位于南极的南设得兰群岛，它是这座群岛上最大的岛屿。人们常常称它为南极圈上的岛屿，但实际上，它在地理位置上并非是真正意义上的南极圈，它与真正的南极圈相差了几个纬度。

南极乔治岛被人们称为“南极的地球村”，也被称作“南极的非正式首都”。因为这里的温度与内陆接近，因此很多国家都把科考站驻扎在这里。这里集中了智利、韩国、巴西、阿根廷、西班牙、波兰、俄罗斯和中国等13个国家的考察站，不同国家以及不同种族的人们为南极带来了不同的风俗和文化。其中，中国在南极的第一个科考站长城站于1985年2月20日在这里建立。智利的弗雷总统考察站是当地规模最大的科考站，这里已经被人们打造成了城市的样貌——小学、教堂、银行、邮局和商店，因此这里也成为南极最热门的景点。

[乔治王岛中国科考站]

1599年，荷兰人航海家葛利兹最早发现了这个岛屿；1819年，英国人史密斯登陆岛屿并将它命名为乔治王岛。尽管人类几乎霸占了这个小岛，但人类并不是这个岛屿的主宰者，因为这里是企鹅和海豹的家，生活在这里的巴布亚企鹅和阿德利企鹅优哉游哉地在游人中踱来踱去，仿佛一切游人在它们眼中都不存在。来到南极，人们一定会觉得企鹅是世界上最可爱的动物。

帽带企鹅栖息地

半月岛

在这里人们可以看到一望无垠的白色；看到雕刻般的冰山，闪亮着纯净的光彩；看到与湛蓝色的海水融为一体的冰川；看到地球上所有无须修饰的至美！这里就是南极的半月岛。

所在地：南极洲

特　点：南极企鹅和海鸥的栖息地

半月岛，顾名思义就是弯弯的像月亮的一个小岛。它是座2千米长的新月形岛屿，位于南纬62°，西经59°，地处利文斯顿岛附近的雪山和冰川之间。这个岛屿最高海拔101米，长1.9千米，宽1.9千米，面积为51公顷。1955年阿根廷在该岛建立南极卡马拉站研究基地。这里主要是南极企鹅和海鸥的栖息地，周围都是美丽的群山。环境宁静、辽阔，让人心情舒畅。

半月岛是帽带企鹅的栖息地，成千上万只帽带企鹅在这里生活繁衍。帽带企鹅最明显的特征是脖子底下有一道黑色条纹，像海军军官的帽带，显得威武、刚毅，苏联人称之为“警官企鹅”。

[半月岛]

宁静的冰、美丽的蓝冰、可爱的企鹅、慵懒的海豹、漂亮的岬海燕、蓝眼鸬鹚——半月岛，一个极美的秘境。

由于南极的气候酷寒、干燥、风大、日照量极少、营养缺乏和生长季节很短等因素严重地制约了陆地植物的生长和发育，致使南极没有花草树木和高等植物。而数量最多的就是苔藓类植物。在半月岛，这些苔藓类植物十分茂盛，它们生长在拔地而起的奇峰怪石上，给这里的景色平添了许多生趣。

企鹅高速公路

库佛维尔岛

库佛维尔岛，这块位于南极洲的冰冻大陆从未被人类真正占有过。冰川、企鹅是这里最为明显的标志，而人类也只能在11月至次年3月才能踏上这片土地。这里没有钢铁水泥城市和研究站，只有巨大的冰层、可爱的动物和未知的奥秘。

所在地：南极洲
特　点：巴布亚企鹅的驻扎地

库佛维尔岛位于南纬64°4'、西经62°37'，它坐落于风景秀丽的艾瑞拉海峡。1897年，法国海军中将阿德里安·日·杰拉许在比利时南极考察过程中发现了这座岛屿。狭窄的艾瑞拉海峡为库佛维尔岛提供了一条壮观的通道。

库佛维尔岛常年被冰雪所覆盖，但在海水冲刷的岸缘，有大量裸露的礁石和卵石海滩。这里水面开阔，在蓝天的映衬下，分外美丽。不知是否因为终年寒冷的缘故，库佛维尔岛上的云层十分低，就像是青藏高原的天空似的。库佛维尔岛上的积雪十分松软，每踩下一步，人们膝盖以下的部分都会深深地陷入积雪之中。

[库佛维尔岛]

库佛维尔岛是巴布亚企鹅在南极最主要的栖息地，它们数量十分庞大，每当南极的夏季来临之际，这里依然是白雪覆盖，天寒地冻，但是这阻挡不住企鹅返回家园的步伐。每年这个时候，成群结队的巴布亚企鹅会在雪地上开凿一条条错综复杂的“企鹅高速公路”，晃晃悠悠地回到库佛维尔岛进行产卵。

通过了这艰难的旅程后，巴布亚企鹅的危险才刚刚开始。产卵后的巴布亚企鹅将面临一群偷蛋贼——贼鸥，它们是企鹅的梦魇，很多企鹅在产蛋后会聚在一起提防海燕及贼鸥偷袭自己的蛋及小企鹅。

10 挪威极地奇观

最古老的木屋传奇

卑尔根

卑尔根是挪威的第二大城，2000年被选为9个欧洲文化城市之一，坐落在依山傍水的半岛上，整洁的市中心有很多弯弯曲曲的马路和漂亮的木建筑群。这里是挪威重要的文化中心，同时也是欧洲文化之都。

所在地：挪威

特　点：留存着许多中世纪汉撒同盟时代的古老木质建筑，周围7座山峰形成天然屏障

卑尔根位于挪威西海岸陡峭的峡湾线上，是西海岸最大最美的港城，倚着港湾和7座山峰，市区濒临碧湾，直通大西洋，周围7座山峰形成天然屏障。留存着许多中世纪汉撒同盟时代的古老木质建筑，五颜六色的小屋镶嵌在翠绿的7座山峰上，远远近近，层层叠叠，错落有致，把山峦和大海串联在一起，山清水秀，景色迷人。

卑尔根始建于1047年，13世纪时曾是挪威首都，中世纪曾是斯堪的纳维亚最大港口和商业中心。这座具有近千年历史的海滨小城，已被联合国教科文组织列入世界文化遗产名录。

卑尔根建于山丘之上，坐山面海，是一座国际化的

[卑尔根]

大都市，但却处处显露着小城镇的风情，很多渔船沿港而停，人们躺在里面享受美好的休闲时光。这里就像一座群山环绕的露天剧场，漫步其中，既可以感受到历史的鲜活，又可以领略到其斑斓的色彩与瑰丽的风光。

卑尔根也是一座文化名城，最著名的当数旧街道的维根湾对面，坐落着著名的“布莱根”木屋群。尽管几度被大火吞噬，但卑尔根人按照传统进行修复，再现了原貌，它保留着11世纪建造之初时的风格，成为欧洲

卑尔根参加“汉萨同盟”是在14～16世纪，这个同盟是因欧洲各国对鳕鱼的需求而产生的。当时卑尔根是北海鳕鱼业的集散港口，因此很多从同盟都市赶来的德国商人，在此大量购买鳕鱼，经过加工把鳕鱼晒干后，再运到各地出售。

最大、最集中、最古老的木屋群之一。生动地显示了卑尔根过去的生活风貌，里面大约有40座18～19世纪的老一代建筑，精致的彩色小木屋把卑尔根渲染得极度富有童话色彩。如果非要在这个群山与海湾交错的古城中找出标志性建筑的话，这个木屋群便堪称经典。

[卑尔根木屋建筑群]
这里漂亮的彩色木房子——一排矗立在港湾边的彩色尖顶小木屋，就是最古老的布莱根木屋群，已经被列入联合国教科文组织世界遗产名录。

[鳕鱼王鱼干的雕像]
13世纪挪威人用鱼干、黄油、毛皮等产品与英国、德国交易谷类、红酒和蜂蜜等货物，木屋群一层是货仓，二楼是住所，只是里面全部是男人，有上千人之多，所以至今也陈列着鳕鱼王鱼干的雕像。

走进城区，映入眼帘的是千万条石头铺成的幽深而又充满古朴风情的小巷，纵横交错，使得小城四通八达。红、黄以及墨绿的尖顶小房子靠海边排成一排，井然有序。这是一栋栋红黄白相间的精巧木建筑，三角形的锥状屋顶，洋溢着童话般的风格。走进木屋群区，窄窄的通道，曲折的转角，楼梯、庭院参差错落。很多小木屋如今被改造成餐厅、酒吧、手工艺品店，店铺里的装饰物都好像随手从海边森林拾来，质朴又温馨。

[圣玛利亚教堂]

圣玛利亚教堂据说在 1130 ~ 1140 年间开始修建，1180 年左右竣工，是卑尔根三座中世纪教堂之一，也是现存的最古老的建筑。历史上圣玛利亚教堂经历过两次大火的破坏，后期的重新修葺造成了教堂风格的改变。教堂是由两座塔楼、三个中殿的罗马式风格教堂组成，主要由皂石建造，最古老的部分是高级皂石，零星点缀页岩。

卑尔根城至今仍保存着许多中世纪的城堡，其中最有名的为贝尔根胡斯城堡，该城堡建于 1261 年，传说是挪威海盗王的故宫，第二次世界大战中遭严重毁坏，后重建。

圣玛利亚教堂则是卑尔根最古老的建筑，建于 12 世纪，可以凭卑尔根卡免费进入内部参观。教堂有罗马式的大门和双塔，里面有 15 世纪的壁画和一个华美的巴洛克式讲道坛。

卑尔根是一座理想的生活都市，在这里生活和工作会令人感到舒适且惬意。它犹如大自然的画家，从天空到大海，一幅巨作一气呵成。那五彩斑斓的小木屋，层层叠叠地镶嵌在碧绿的山峰间，把森林、山峦、大海、天空和新老建筑和谐地描绘在一起，从黄昏到深夜直至凌晨，卑尔根缤纷多彩，诗情画意，如梦如幻。

恶魔之舌

奥达

“那里湖面总是澄清，那里空气充满宁静，雪白明月照在大地，藏着你最深处的秘密。”这首曾经脍炙人口的《挪威的森林》，唱出人们对挪威这个神秘的城市最极限的想象。在独行侠的签证中，挪威定不会缺席。

所在地：挪威

特　点：世界知名的岩石，像舌头一样

挪威又名挪威王国，意为“通向北方之路”，它是欧洲纬度最北的国家。其狭长的领土，星罗棋布的沿海岛屿，让它尊享着“万岛之国”的美誉。挪威凭借其特有的峡湾景色被无数国际旅游杂志评选为保存最完好的世界最佳旅游地。

在挪威西部山区，有一座叫奥达的小镇。这里风景优美，漂亮、神秘、峭拔、浪漫、刺激，所有最让人心动的词汇似乎都被这里占尽。峡湾、岩石、瀑布是自然的馈赠，在氤氲的空气中，影影绰绰，煞是美丽。一幢幢雄伟的教堂，耸立在这座西欧小城，处处散发着20世纪遗留下来的光辉。

［奥达小镇］

奥达最大的特点就是满眼的绿色，平静的湖面，五颜六色木屋的倒影，真的如人间仙境一般。

这个小镇虽然不像盖朗厄尔那边的景色壮观、大气，但它那满城的绿色，静静的湖面，五颜六色木屋的倒影，宛如人间仙境一般。这里的景色变幻莫测，当人们还沉浸在这湖光山色中时，视野却又立马换成了豁然开朗的峡湾风光。

[奥达小镇]

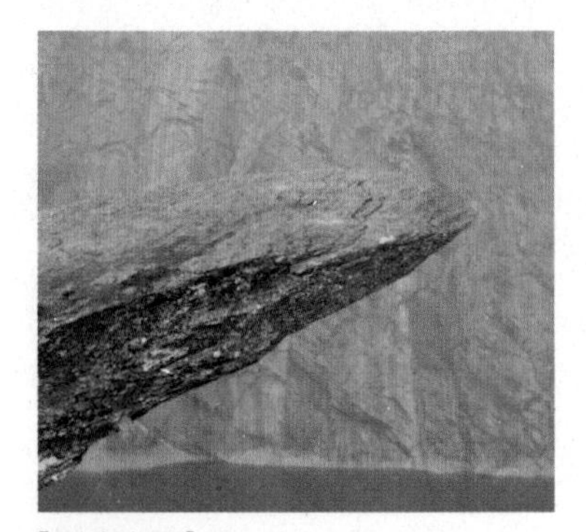

[恶魔之舌]

山妖是挪威神话故事中最出名的角色，挪威人对它喜爱有加，就像孙悟空在中国人心中的地位。传说山妖白天被阳光照射化为块块山石，黑夜变身为精灵守护挪威的黑夜。

在奥达小镇的峡湾中，有一块世界知名岩石——Trolltunga。这是一块突出在垂直悬崖之外的一块长形石头，它伸出山崖很远，因为形状酷似伸出的“舌头”而被当地人称为“恶魔之舌”。它距离地面 700 多米，是户外运动爱好者最为之向往的地方。“舌根”的地方是一座巨大的石头平台，依傍着它身后巍峨的大山。舌尖的地方看上去就像薄薄的纸片一样，而下面就是万丈悬崖。没有亲身体验过的人一定会想，这石头要是一下子断了，那可怎么办。其实不然，这块石头看似险峻，却经历了数千年的风吹雨打。这座悬崖是在上一个冰河时期形成的，大约是 1 万年前冰川冻结着大山，随着冰川的断裂，大块的山体也跟着断裂。而山体的断裂处就形成了这块美丽但又令人奇怪的岩石。

大自然这位独具匠心的设计师，它的鬼斧神工是人类任何想象力都无法企及的，Trolltunga 岩石便是大自然创造出来的超脱于人类尘世的神奇存在。站在奥达小镇高高的山顶巨舌上，放眼望去，陡峭的山势、清澈的海水、壮美的冰原风光、美丽震撼的峡湾风光尽收眼底。

虽然站在“恶魔之舌”岩石俯瞰风景让人震撼，但异常艰险的山路让这里常常人迹罕至，要想到达“恶魔之舌”，人们必须步行 8 ~ 10 小时山路，经过壮观神奇的瀑布、美丽的绿色植被和陡峭的山脊才能到达。当站在这块岩石上时，人们会有一种站在世界之巅的感觉，此时，可以奔上“恶魔之舌”拍摄各式各样的留影，或是把腿伸出悬崖，坐在石头上俯瞰海峡风光。

有些风景注定只属于少数人：那些不惧艰难、一路向前的人；那些独具匠心、不走寻常路的人；那些勇往直前、热爱自然的人，奥达就是这样的一处风景。

挪威最美的小镇

努尔黑姆松

努尔黑姆松是被挪威人称为“不去会终身遗憾的地方”。它虽然靠近北极，但无论是山坡上色彩艳丽的别墅，还是峡湾里微波荡漾的海面停泊着的游艇小舟，都是一派“水光潋滟晴方好”的景色。

努尔黑姆松是位于哈当厄尔峡湾的一座小镇，距卑尔根以东70多千米，这里被称为挪威最美的小镇。努尔黑姆松临哈当厄尔峡湾而建，哈当厄尔峡湾是挪威第二长的峡湾，它长约113千米，最深处达891米。这座峡湾山势陡峭，线条十分柔美，许多游客将这里称为“充满女性之美的峡湾”。在峡湾内处处都是果园，苹果、杏子和樱桃应有尽有。一到春天，整个峡湾内蝴蝶飞舞，到了果实成熟的季节，逶迤的峡湾遍布着结满果子的果树，十分具有田园气息。

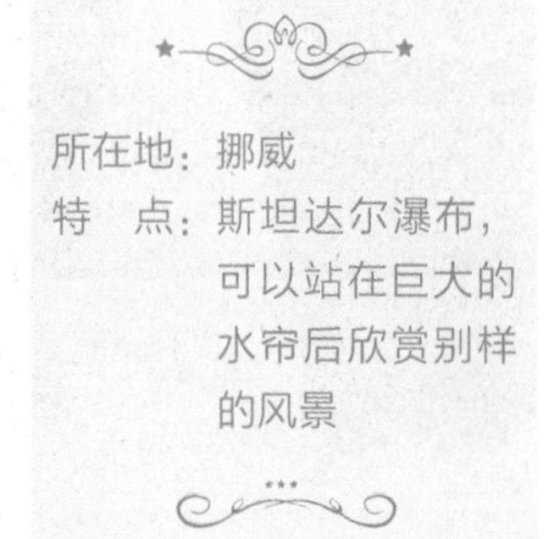

所在地：挪威

特　点：斯坦达尔瀑布，可以站在巨大的水帘后欣赏别样的风景

…

被哈当厄尔峡湾环绕的努尔黑姆松小镇，就像人间仙境一般，海面倒映着的苍山绿树和蓝天彩云影影绰绰，如同写意画，又像朦胧诗。这里的青山环抱着碧水，白

[努尔黑姆松小镇]

努尔黑姆松隐蔽在丰饶美丽的大自然下，这里被称为挪威最美的小镇。

云缠绕着山峦，水边绿草苍苍，远山白雾茫茫。峡湾的尽头在这座小镇里画出一道美丽的弧线，衬着浓荫的山冈和绿意盎然的草地，色彩鲜艳的住宅和满山遍野的小

[努尔黑姆松小镇雪后风景]

[努尔黑姆松小镇瀑布]

挪威是发达的工业化国家，石油工业是国民经济的重要支柱，挪威也是西欧最大的产油国和世界第三大的石油出口国。自2001年起挪威已连续六年被联合国评为最适宜居住的国家，并于2009—2013年连续获得全球人类发展指数第一的排名。

黄花，偶尔还有紫黑浆果树，树上挂着一串串令人垂涎的紫黑浆果。伫立在山坡上的小路旁，回头看，山下就是哈当厄尔峡湾，远处是连绵起伏的雪山，这景象仿佛就是一幅印象派大师的画作。

努尔黑姆松小镇周边有多处瀑布，其中最为著名的是斯坦达尔瀑布。斯坦达尔瀑布位于努尔黑姆松以西2.5千米处。该瀑布有50～60米高，它神奇也最吸引人的地方莫过于人们可以站在巨大的水帘后欣赏别样的风景。巨大的瀑布从山崖上奔流直下，一条山路从瀑布后面穿过，这有点像冰岛的赛里雅兰瀑布，但突涌出的水量大得惊人，轰隆隆坠潭后激起千堆雪。和赛里雅兰瀑布一样，这条瀑布的后面也有可通行的小径，让人仿佛就是来到了孙悟空花果山的水帘洞一般。人们可以兴致勃勃地穿过瀑布绕行一圈，分别在不同角度观察瀑布；也可以从洞里看外面的世界，在高处俯瞰湖泊和村庄。甚至可以在瀑布的水帘里自拍、散步，任细小的水珠轻抚脸庞；还可以在阳光照耀到瀑布水帘上时，观赏那一道绚美璀璨的水雾。斯坦达尔瀑布流淌下来的水流形成一条弯曲的小溪，滋润了两边的绿野。站在瀑布后遥看美丽壮观的努尔黑姆松小镇，由瀑布形成的小溪穿过小镇一直流向大海，河两岸风景如画。

烟雨蒙蒙中的努尔黑姆松宛若仙境，诗情画意的田园景观，每一处都宛如一幅印象派风景画，每一角落都充满诗意。那些缤纷色彩会永远停留在人们的脑海，还有神奇的斯坦达尔瀑布，与周围无边的绿野相映，美轮美奂，令人陶醉。

千万鳕鱼群，条条涌向海

斯沃尔韦尔

挪威，作为全球最适宜居住的地方，约翰列侬和伍佰的音乐以及村上春树的散文给了我们无限的幻想。而它皑皑的白雪、茂密的森林、壮丽的河流和峡谷及震撼人心的极光让人们对它的渴望到了无以复加的地步，只有双脚真正地踏上这广袤的国土上，才能真实地感受到它绝无仅有的风景与民风。

所在地：挪威
特　点：千万鳕鱼群十分壮观

挪威因岛屿众多，故被称为“万岛之国”。挪威的岛屿总数达 15 万个之多，如果一定要在这其中选一个最美的岛屿，那一定是罗弗敦群岛。罗弗敦群岛有着如明信片般的田园风光，或红或白的彩色小屋错落山水间，游客在此能够欣赏到极美的夜空、独特的夏季午夜阳光和冬季绚丽的北极光。

[罗弗敦群岛]

“罗弗敦”在挪威语中是“山猫脚”的意思，同时也暗指其邻海拔地而起的一列险峻的岛屿——“罗弗敦之墙”。

罗弗敦群岛位于挪威北部，是一个位于挪威海中的群岛，面积为 1425 平方千米，南北延伸约 111 千米。因受北大西洋暖流影响，气候较温和。岛上多沼泽、山丘。四周海域盛产鳕鱼、鲱鱼。它所有的岛屿都在北极圈内，南北延伸 100 多千米，离大陆最近处只有 1.6 千米。壮观的罗弗敦群岛是由上古的冰川雕琢而成的，大大小小的岛屿从水中垂直突立，是北极圈里最独一无二的山海景致。罗弗敦群岛犹如拔海而起的一列险峻的岛屿，

[斯沃尔韦尔港]

所以也叫“罗弗敦之墙”，有了这道天然屏障隔断了北冰洋风浪，才使这里的海湾像天池一样湛蓝、清澈、平缓，犹如一个秘境遗世的天堂。身处北极圈的它，被欧洲自由行旅行者、风景摄影师小心地宠爱着、呵护着，呈现出未被雕琢的朴实之美，被誉为挪威西海岸线上最美的群岛，同时也是气氛最好的地区之一。

罗弗敦群岛北部的斯沃尔韦尔是罗弗敦群岛唯一一个有机场的小镇，斯沃尔韦尔位于罗弗敦群岛最大岛——奥斯特法岛南岸，背靠拔地而起的陡峭山峰。它拥有群岛上最现代化的便利设施和最活跃的夜生活。全境都在北极圈内，斯沃尔韦尔的意思是寒冷的渔村，但实际上它受惠于来自中大西洋终年不绝而温暖的墨西哥湾洋流，这里年平均温度最低为 −2℃，最高不过 16℃。正因为如此，这里是挪威主要的冬季渔场，每年都吸引着大批产卵期的鳕鱼及鲱鱼集结。

斯沃尔韦尔岛上还有世界第一冰雕艺术馆“Magic Ice”，艺术馆以宏伟的冰雕配合着背景音乐，让人感觉就像置身于童话当中，在这里还可以聆听关于群岛与本地居民的故事。斯沃尔韦尔由几个小岛屿组成，看起来

[罗弗敦群岛上小镇]

就像一堵坚固的岩石墙壁。随着最后一个冰河时代的结束，冰雪融化，岛上也形成了独具一格的景色，堪称挪威最引人注目的自然景观。

挪威震撼人心的景色，总是在不经意间，也许是看到天边被夕阳染成温暖的粉色，后又慢慢变为橘黄；也许是看到了一座不知名的巍峨的山白雪如盖，在湖面形成完美的倒影；也许是看到海滩上成群飞过的鸟，鸟鸣与浪声呼应；也许是看到稀稀两两的房子融入于自然中，构成人与自然和谐相处的画面……

所以在挪威旅游是“一步一风景”，每一步都如同在宁静的画中行。

[罗弗敦群岛上小镇]

近些年来，罗弗敦海岛上的渔民少了，旅游者和艺术家的数量却渐渐增多。那些创造了罗弗敦历史的渔民的棚屋，现如今成了前来度假的游客们的假日居所。这种小屋被称作“Rorbu”，房型和大小不尽相同，有的古老陈旧些，有的则整修一新，运用了北欧简约独特的后现代风格。

上帝荣耀装点的城镇

勒罗斯

这是挪威中部一座历史悠久、传统独特的迷人小镇，它保存了文艺复兴、巴洛克风格的建筑，也是挪威世界文化遗产地。

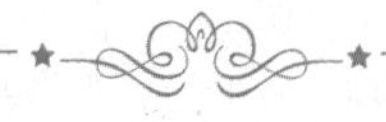

所在地：挪威

特　点：中世纪时期的建筑保存完好，有来自几百年前的彩色木制建筑，也有巴洛克式的教堂，还有大量的农庄

勒罗斯是挪威中部的村镇，坐落于崇山峻岭之间，它也是位于格洛马河畔的一个采矿重镇，镇上的人口不多，常住居民大约有3500人。这座小镇中历史上各时期的建筑保持完好，小镇中矿工所建造的茅草小屋、1784年建造的巴洛克式教堂、上百年历史的木头建筑，还有炉渣堆和旧冶炼厂，都成为了吸引游人驻足的观光景点。勒罗斯绝对是一个慢节奏生活的地方，来这座小镇参观，人们必须穿越几百年时空，开启所有的感官来体会那个年代的城市建筑及人物风情。

[勒罗斯教堂]

现在勒罗斯的主要经济活动已不再是铜矿开采，而是旅游业。修复后的勒罗斯现已重新焕发出了青春风采，整个城镇就像是一座令人赞叹的“活博物馆”。

勒罗斯始建于1646年，当时在希特雷尔瓦河口瀑布附近，出现了很多家冶炼小屋的炼铜工作坊，这些小屋连同周围地区逐渐发展为城镇，这里的住宅区以标准的井字网格状分布，其中文艺复兴时期风格的建筑比比皆是。勒罗斯小镇因发现铜矿而繁荣，因制造黄铜而富裕，这里有挪威最重要的黄铁矿中心，自17世纪被发现以来，一直开采到1977年，历经了300多年的时间。奥拉夫矿山今天还保留着曾经的繁华景象，人们可以在这座现实的博物馆中探索挪威的矿业发展历史。

不过今天的勒罗斯却不是因开矿闻名于海外的，而是因为这座小镇保留了挪威古典时代的建筑风貌，1980年它被联合国教科文组织收入世界文化遗产名录。勒罗

[勒罗斯玻戈曼斯大街]

在勒罗斯有很多亲近自然的游览方式，你可以和雪橇犬亲密接触，乘坐狗拉双轮车游览小镇。也可以骑马，甚至可以向当地的萨米人借驯鹿来坐坐。另外，存着奇云迷雾的山谷，碧水蓝天白帘般的瀑布，大片优美的山水风光为徒步、骑行、独木舟、垂钓、游船、高尔夫等户外运动提供了大舞台。

斯镇上的“伯格斯坦登斯泽尔”教堂始建于1784年，被挪威文化遗产理事会评为挪威十大教堂之一，也被称为“山区大教堂”，它是小镇最高的建筑，从全城各个方向都能看见它那高高的塔尖。这里最不可思议的景观是小镇的800多座彩色木制建筑，它们几乎还停留在1644年建造时的模样，鲜亮如新，散发着浓浓的中世纪风味。这简直就是世界“小城镇建筑的活化石”，也成了挪威人引以为傲的“上帝荣耀装点的城镇”。

[勒罗斯农庄建筑]

勒罗斯的一些农场还以自家出产的美食出名，如果你是鳟鱼、三文鱼、熏干肉以及时令素食的追求者，那么勒罗斯的农庄是你不可错过的目的地之一。

大量的农庄是勒罗斯的另一大特色，它们大多历史悠久，保留着几百年前的传统农耕方式。每到夏季，当本地农民根据旧时传统搬到农庄聚居区，牛、羊、鸡、马在绿意盎然的地带随处可见。

勒罗斯是一个农业、工业、旅游业完美平衡的小城镇，保存着几百年前的生活图景，至今呈现着公元17世纪中期采矿鼎盛时期的社会风貌。

北极圈内的仙境渔村

雷纳

前有海湾静泊柔情环绕，后有雪山伫立默然守候。春天的雷纳，草长莺飞；夏天的雷纳，骤雨初歇，天空净如水洗；冬季的雷纳，有高大的雪山和神奇的午夜阳光。这里四季轮回、遗世独立，有着让人无法忘记的极致美丽。

所在地：挪威
特　点：前面是海湾静泊柔情环绕，后面是雪山伫立默然守候。四季轮回、遗世独立，有着让人无法忘记的极致美丽

雷纳，是位于罗弗敦群岛东南部的挪威的一个小渔村。这里有着宁静悠远的氛围和磅礴的自然景观，并因此而被评为“挪威最美丽的村庄”。这个“明信片”或是“田园诗”一般的地方，每年都会接纳很多从世界各地远道而来的游客，来这里感受美妙的极地风光。

雷纳渔村是罗弗敦群岛上一颗璀璨的明珠，这里的人口仅有300多人，比起人潮汹涌的名胜古迹，雷纳既有如诗如画的美景而且人烟稀少，这是一方清澈的天地。如果你喜欢这一份纯净绝尘的幽美，喜欢这种充满慢节奏步调的唯美小村，那么在挪威的这座渔村——雷纳，绝对会是你的不二之选。

矗立于山脚边的雷纳村，曾多次被媒体赞为挪威最美丽的村庄。这里以渔业为主业，村民们生活富足，安居乐业。在这个独具风情的地方，你会看到众多属于挪威的独特景色，享受挪威的点滴生活。你可以住在海边

[雷纳雪后]

一幢幢红色镶边的小木屋里，品尝到很多美味可口的鱼类还有各种十分有特色的水产品；你可以体验钓鱼，也可以体验搭船、划独木舟、赏鲸、骑自行车和观鸟等活动。每年的9月至次年4月是雷纳观赏极光的最佳季节，若在其中的月份来此旅游，一定不能错过这份只有最北方国度才能观赏到的极地美景。4月开始，雷纳的绿树红花点燃了人们居住的院子，远处芳草迷离。而雷纳六七月份的空气里飘来濡湿的咸味，似是一幅动静相宜的画卷，给人恰到好处的安稳气息，这里还有着不可思议的午夜的太阳，时间无限的悠长，极昼可以让人尽情地欣赏迷人的极地景观。

雷纳是一个迷人的小渔村，这里有着碧海蓝天，红色小屋，还有极昼时的午夜太阳，高耸的山与平坦透彻的海洋，这里的海水碧蓝而且通透，海边停靠着许多游艇。尽管风很大，但海面上没有一点波涛，每当夕阳下山时映照的光洒在整个辽阔的海平面上，那种澎湃激荡在游人的心怀，只有亲历的人才能体会与感受。每一个到访的游人，都会被这里的景色深深地迷住，他们忘记了旅途的疲劳，直接放下行囊，迫不及待地就往外跑，站在海边尽情地欣赏着这里的绝美风光，呼吸着这里的纯净空气，时间仿佛静止了下来。

[雷纳河边木屋]

挪威的地理条件极为罕见，从北至南跨越的纬度之广使挪威成为欧洲大陆上环境类型最为丰富多彩的国家之一。事实上，挪威的气温本应保持在更低的水平，但受到北大西洋与挪威暖流的影响，这里的温度仍处于可以接受的范围。

[雷纳极光]

捕鱼木舟上，悠然见极光。这是来雷纳旅游的人最不可错过的极致体验之一。那里有旖旎的极地自然风光，也有卡通式的红色小木屋、船屋的倒影、纯净的空气，让人分不清这里到底是桃源还是仙境，这里的一切都迷人得让人对它无法抗拒！

冰雪中的“北国巴黎”
特罗姆瑟

特罗姆瑟是挪威北部最大的城市，是地处北极圈，却因北大西洋暖流从这里经过，形成了独有的冬季温暖不封冻，它得天独厚的地理优势，赋予了它北极之门的美称。

所在地：挪威

特　点：地处北极圈，极端的地理位置，有着“北极之门”的美称。欣赏极光的绝佳之地

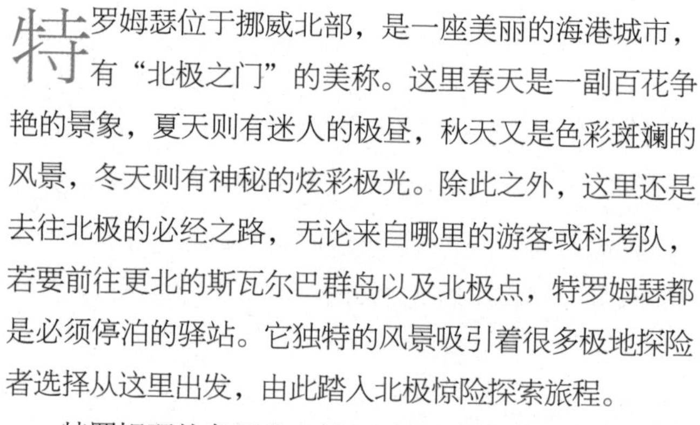

特罗姆瑟位于挪威北部，是一座美丽的海港城市，有“北极之门”的美称。这里春天是一副百花争艳的景象，夏天则有迷人的极昼，秋天又是色彩斑斓的风景，冬天则有神秘的炫彩极光。除此之外，这里还是去往北极的必经之路，无论来自哪里的游客或科考队，若要前往更北的斯瓦尔巴群岛以及北极点，特罗姆瑟都是必须停泊的驿站。它独特的风景吸引着很多极地探险者选择从这里出发，由此踏入北极惊险探索旅程。

特罗姆瑟的冬天终日被黑暗所笼罩。整个小镇陷入一片寂静祥和的氛围之中。在这里见不到太阳是时有的事，甚至还经常飘雪，但是这似乎并不妨碍特罗姆瑟的美景。漫漫长夜里，点上一盏灯，慵懒地依偎在暖暖的壁炉边上，最好还能再烧上一壶微甜的咖啡，挑选几本自己喜爱的书，一本本细细阅读，漫长的夜里会滋生出别样的美好心情，倘若还能呼上两三个好友一起就更棒，天南地北地闲聊着就更美妙了。在特罗姆瑟隔海眺望对岸白雪皑皑山间的房屋，大都是一两层的精致小洋楼，带有欧式建筑风情的三角形的屋顶，色彩鲜明的墙面，错落有致地绵延在山丘上，十分静谧，甚至说这里美如童话也毫不为过。白天出海观鲸，晚上追逐极光，绝对是这里冬天里最好玩的项目。

[特罗姆瑟]

特罗姆瑟是挪威最北的城市之一，因有北大西洋暖流通过，冬季不封冻。

如果想了解特罗姆瑟和早期极地探险家的冒险故

[特罗姆瑟极地博物馆]

近代几乎所有极地探险家去北极探险都从这里出发，而有些去征服南极的探险家也选择这里作为训练基地。

事，北极博物馆是不能错过的故事收集站。该博物馆位于一座建于1830年的码头仓库，人们一到博物馆便会被它那独特的外观所吸引，就好像是多米诺骨牌一般。特罗姆瑟几处最古老的市内建筑屹立旁边，在这里可以感受到特罗姆瑟浓厚的历史气息。胡须海豹是北极博物馆水族馆里的主要看点。这些长有胡须的海豹是生活在北极的特有物种。由于它们性情乖巧，天性伶俐，所以深受孩子们的喜爱。

在特罗姆瑟的北面有一座美丽的小岛。在白天里阳光会尽情地挥洒着它的温柔，每一个角落都被细细地呵护着，似乎给小岛披上了薄薄的金粉色丝巾，柔情蜜意，晚上的小岛则万里无云，一度成为了来挪威欣赏极光的绝佳之选。

特罗姆瑟只有约6万人口，但这里的生活设施却十分完善，在这里任何一个有阳光的清晨或者午后，都可以遇到闲坐在街边的人们，他们尽情地享受着属于自己的、最北的日光。因此这里被法国游客赞誉为北极圈里的巴黎。特罗姆瑟的美在于它的宁静和绚丽：神秘的极光、独特的自然风景、丰富的博物馆展品都成为了人们慕名前往的理由。如果你想远离都市的喧嚣、远离快节奏生活的烦恼，那来到美丽的特罗姆瑟将会是不错的选择！

[罗尔德·阿蒙森]

罗尔德·阿蒙森（Roald Amundsen）是这里的骄傲，大街小巷有许多纪念他的雕像，极地博物馆里更是有他传奇一生的许多介绍、他的许多遗物。他是全世界到达南极点的第一人，为了极地探险，挑战南、北极，他和北极地区爱斯基摩人一起生活了很长时间，了解和体验爱斯基摩人是如何在北极严酷的自然条件下生存的。正是因为他的这些生活体验，让他成为在南极探险中战胜许多对手第一个到达南极极点并且安全返回的世界第一人。

上帝的山谷

奥斯陆

奥斯陆是挪威的首都和最大城市，位于挪威国土南部，是斯堪的纳维亚半岛上最为古老的都城，也是诺贝尔和平奖的颁奖地，每年的诺贝尔和平奖颁奖仪式在奥斯陆市政厅举行。这里苍山与绿原相辉映，十分迷人。

所在地：挪威

特　点：依偎曲折迂回的峡湾旁，既有海滨城市的旖旎风光，又有依托高山密林而具有的雄浑气势……

现实中的乌托邦

奥斯陆坐落在奥斯陆峡湾最北端的山丘上，三面被群山、丛林和原野所环抱，面对大海，背靠山峦，城市布局整齐，带有浓重的中世纪色彩和独具一格的北欧风格，风光独特，环境幽雅，风景迷人。奥斯陆意为“上帝的山谷”，也被称为“山麓平原”。

奥斯陆始建于11世纪，面积为453平方千米，是挪威的航运和工业中心。它的旁边是奥斯陆峡湾，背后是巍峨耸立的霍尔门科伦山，苍天映绿水。城市周围的丘陵上长满了大片的丛林灌木，山间小道交织成网，大小湖泊、沼泽地更是星罗棋布。市内建筑物周围是整齐的草坪与各色的花卉，在金色的阳光照耀下，绚丽多彩。

奥斯陆皇宫只在夏季对公众开放，是当地最著名的标志性建筑之一，装饰十分高贵豪华。皇宫功能多样，既是国王王后的居所，君主也在此处理日常事务，同时

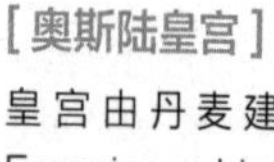

[奥斯陆皇宫]

皇宫由丹麦建筑师Hans Ditlev Franciscus Linstow主持修建，占地3320平方米，内部共有173间房间，装饰十分高贵豪华。有专门的接待室，主楼外还有皇家花园和皇室广场。花园内绿树成荫，小径通幽，还有几座精美的雕塑。

是召开国务会议的地方，甚至还在此举办国宴、招待其他国家领导人。它占地3320平方米，内部共有173间房间，有专门的接待室，主楼外还有皇家花园以及皇室广场。漫步进入花园，绿树成荫小径通幽，还有几座精美的雕塑。皇室广场则是挪威最大的庆典广场，每年5月17日是挪威的国庆节，皇室成员会出现在皇宫阳台上，向广场上游行的队伍挥手致意。

古代挪威人被称为维京人，维京海盗船博物馆是奥斯陆最受欢迎的观光胜地之一。虽然维京人的故事已随着时间的逝去而变得遥远，但他们留下了众多建造精美的海盗船和不畏困难、不怕艰险、勇往直前的精神和信念。博物馆展品均是从奥斯陆峡湾地区维京人墓穴中发现的，有三条海盗船，还有很多维京人的日常用品。

[维京船博物馆海盗船]

维京海盗船博物馆存放着的“科克斯塔德”号是一艘相当大的海盗船，为当时的海盗头目所有。

维京人泛指北欧海盗，他们从公元8世纪到11世纪一直侵扰欧洲沿海和英国岛屿，其足迹遍及从欧洲大陆至北极广阔疆域，欧洲这一时期被称为“维京时期”。在英语中，“vikingr”是在海湾中的人，而“wicing”代表海盗；“vikingr”在冰岛的土语中也意味着“海上冒险”。

而挪威民俗博物馆是世界上最早的露天博物馆，在这里人们可以一窥农业大国挪威的传统建筑物及农民的生活方式，这里集中展示了整个挪威的民风民情。

人体雕塑的天堂

举世闻名的维格兰雕塑公园就位于奥斯陆，它始建于1924年，凝聚了挪威著名雕塑家古斯塔夫·维格兰及其弟子40年的心血，故以其名命名。 它号称是世界上最大的人体雕塑公园，展出了用花岗岩石、青铜、铸铁塑造的650座人体雕像作品，集中突出人类“生与死”的主题，生动诠释了生老病死的循环，从婴儿出世开始，经过童年、少年、青年、壮年、老年，直到死亡……在这里人们或许可以找到许多自己的“影子”。

[维格兰雕塑公园——生命之柱]

维格兰雕塑公园又被称为福洛格纳，已成为奥斯陆的标志，它是世界上最大的花岗岩雕塑群，也是世界各国游人对生命深深思索的游览胜地。

维格兰雕塑公园里到处都有人形雕塑，或立

[维格兰雕塑公园]

挪威著名雕塑大师古斯塔夫·维格兰，一个从木匠之子成长起来的雕塑家，他在不惑之年向奥斯陆市政府提出“给我一片绿地，我要让它闻名世界”的请求。维格兰雕塑公园成为了他的杰作，他将一生献给了钟爱的雕塑艺术，用近半个世纪的时间诠释了人生和生命。

或坐，造型不尽相同。在众多的雕塑作品中，最著名的要数大石柱、“愤怒的男孩”和“做牛马的母亲”了。巨型大石柱十分显眼，它有 14 米高，石上共雕刻了 121 个赤裸裸的人体浮雕，男女老少或俯卧，或仰卧、侧卧，以各种姿态交叠，首尾相连，也被称为“生命之柱”。传说大石柱是 3 名巧匠花了 14 年时间雕刻而成，环绕柱子的是 36 组石雕的圆台阶。“愤怒的男孩”位于前往巨型石柱的小桥上的左侧，被称为公园里最传神的雕塑作品。这个单腿独立、架着胳膊、紧握双拳、瞪着双眼、紧锁眉头的小男孩，把发怒、大哭、挥拳、顿足的神态刻画得惟妙惟肖，让游人不禁想起自己的童年，让人忍俊不禁。而“做牛马的母亲”则刻画了一幅母爱的厚重和宽容之景，母亲跪伏在地上，一男一女两个小孩骑在她的背上，还用绳子像套马缰绳一样套在母亲的脸上嬉戏。

此外，奥斯陆市政厅周围也有大量雕塑，展现了挪威人民生活的方方面面。纪念厅的墙壁上覆盖了描绘挪威历史和神话的美丽壁画，每年的诺贝尔和平奖颁奖典礼也在这里举行。

在奥斯陆，人们可以乘游艇出海，或把竿垂钓，或欣赏自然风光，或漫无目的地漂浮游荡。事实上，观赏那些做工精细、式样别致的游艇，对远道而来的游客来说也是一种极大的乐趣。这里最具特色的是一种名叫“斯尼基”的游艇，它两头呈尖形，船体为玻璃纤维加固塑料，美观而且耐用，格外引人注目。这里的人也非常喜爱泛舟海上，一切的喧嚣仿佛都被碧蓝碧蓝的海水过滤，海水共蓝天一色，让人沉醉。

[奥斯陆 广场雕塑]

奥斯陆市政厅外有很多雕像，同时此地也是每年诺贝尔和平奖的颁奖地。从外表看上去，这是一栋略显严肃的政府办公大楼，不过进去之后，纪念厅的墙上满是描绘了挪威历史和神话的漂亮壁画。

世界最北的城市

朗伊尔城

朗伊尔城是位于世界最北端的城市，它的冬季气温低至 −30℃居住着 2700 多人，这里也是非常容易到达的一个旅行地。

所在地：挪威
特　点：绝美的自然风光与神奇的极地植被，独特的建筑风格

朗伊尔城位于挪威属地斯瓦尔巴群岛的最大岛——斯匹次卑尔根岛，是斯瓦尔巴的首府，距北极极点仅 1300 千米，相比起同纬度的地区来，这里要温暖得多，这里全年平均气温 −7℃，在这里向阳的谷地里有 130 多种植物竞相生长。

在这里冰川包裹着高达 60% 的土地，每年的 11 月到次年 2 月，朗伊尔城就会进入极夜，整座城市都会迎来黑暗寒冷的长夜。极夜又称永夜，是在地球的两极地区，一日之内太阳都在地平线以下的现象，即夜长超过 24 小时。

这里一年中有 10 个月处于极昼极夜的极端环境，只有 3 月和 9 月的时光日夜同行。从 4 月到 8 月，这里则是极昼现象，一天 24 个小时都是白天，连睡觉也躲不开太阳的陪伴，不安分的太阳会让我们拍摄的每张照片都看起来是在同一时间，同一地点。让人无从分辨它的清晨、午后及午夜。如果说极夜是“一夜情”，那极昼就是“一日游”，据说这两种极端的现象都是朗伊尔城的常见现象。

在朗伊尔城，北极熊是这里的第二主人，它们的数量已超出人类。因此北极熊也成为了斯瓦巴德群岛的鲜明标志，世界上只有朗伊尔城的道路标牌写的不是“小心车辆”，而是“小心北极熊”。让当地人和游客，又

[朗伊尔城位置]

朗伊尔城由波士顿北极煤公司主要持有人美国人约翰·朗伊尔建于1906年。原名“Longyearbyen”中的“Byen”在挪威语中解作“城市”。1943年，朗伊尔城被纳粹德国摧毁，并于第二次世界大战后重建。现时，一些地方仍见到旧有的地基。

爱又恨。每年都有北极熊吃人的恐怖事件发生，而大多数人千里迢迢来到这里，最想要看的也就是这个“白胖萌”。当然，朗伊尔城还有北极狐、野鹿、鲸、海豹、鱼虾，几十种鸟禽等。斯瓦尔巴群岛上共有3个国家公园、3个自然保护区和15个鸟禁猎区，占群岛总面积的44%。在海上还建立了护渔区。由于自然保护措施得力，执行严格，斯瓦尔巴群岛上的动物群近些年来繁殖很快。在朗伊尔城时刻都可以看到三三两两温顺的小野鹿窜人街道和住家的院子里寻觅食物。

[北极熊出没]

由于极具自然本色，朗伊尔城正吸引着越来越多的探险旅行者。他们几乎没有人会同意一位早期探险者所引述的话，他的话语载录于当地的博物馆中：“这个地方乃是上帝所弃之地，而且应该在很久以前也已经被人类所放弃了。”

在朗伊尔城，几乎所有的居民都拥有固定合同，从事于采矿业、旅游业，或是服务于当地的斯瓦尔巴大学中心。该大学中心于1993年启用，是四家挪威大学的协作计划，专门从事北极研究，并且吸引了来自世界各地的教师和学生。由于北极熊的威胁无时不在，因此每一名学生都要学习如何使用来复枪。

朗伊尔城只有两条街，房屋不到百座，而这里独特的地理环境也造就了其独特的建筑风格。在这座北极的小城里有两处最引人注目的建筑：一处是科学中心，它像一顶铜色的帐篷，而且根本分不清哪儿是外墙，哪儿才是屋顶。另一处则是斯瓦尔巴政府的办公大楼，它的外墙由角度怪异的玻璃组成，极其冷峻，而且具有科幻感。不过在朗伊尔城最受欢迎的还是那些预制装配式住宅，这是一种快速装配的房屋。而当地的尖顶房子也独具特色，它们有着木质内饰，前门处有着宽阔的储物空间，用来存放防雪装备。除了实用功能，这种五颜六色的木屋也是朗伊尔城视觉识别的一部分，这些木屋的颜色从薄荷的绿色到枫叶的红色，应有尽有，而灵感全部来自大自然。

峡湾中的高冷仙境

尼加斯布林冰川

在北欧五国中，挪威的自然风光最令人称赞，这里有神奇的峡湾和秀丽的湖光山色，更大的亮点是这里的冰川奇景。尼加斯布林冰川的攀登系数低，沿途风光宜人，来自世界各国的众多游客都慕名来此。

尼加斯布林冰川位于挪威的松恩峡湾北面，它凝固在一个巨大的山谷里，像决堤奔腾的巨浪突然被定格，山谷的外壳为白色，里面却是发亮的蓝色，十分迷人。它是挪威乃至欧洲最大的冰川，也是约斯特达尔冰河的分支，它的攀登系数低，沿途风光宜人。

所在地：挪威
特　点：凝固在一个巨大的山谷里，外壳为白色，里面却是发亮的蓝色

站在尼加斯布林冰川前仰望，人们就像蓝色背景前的一个黑点。环顾四周，岩壁，湖水，似烟似雾的雨云，巨大而深邃，这就是高冷的尼加斯布林冰川。尼加斯布林冰川之所以为蓝色，是因为数百年间不断挤压掉冰层空气，古老的冰散射了光线中的蓝色波长，因而呈现迷人的蓝色。

尼加斯布林冰川面积约达500平方千米，万年冰川，千年不化，非常壮观唯美。一般每年的6月才会向公众开放，因为此时景色正好，气候宜人，人们可以漫步和欣赏美丽的冰川奇景。事实上，尼加斯布林冰川也并非

[尼加斯布林冰川]

尼加斯布林冰川是挪威乃至欧洲最大的冰川；它是约斯特达尔冰河的分支，冰川之所以为蓝色是因为数百年间不断挤压掉冰层空气，古老的冰散射了光线中的蓝色波长。

[尼加斯布林冰河]

冰原由高大的高原冰组成，有一系列山峰，最高点也不过只有两千米左右。而尼加斯布林冰川就是约斯特达尔冰川中一个最大的分支，游人可以乘船经过尼加斯布林湖，在碧绿的湖泊后面则可以遇见这条美丽的冰川河。这美丽的壮阔的冰川，远看蓝白相间，近看则掺杂黑褐色的泥土。

即使是厚达几百米的冰块也在不停移动，这力量足以改变地球的面貌。这些冰川成形于冰河时期，覆盖了挪威独特的峡湾、山谷和陡峭山坡。冰川中有许多深不见底的裂缝、不时发生的雪崩，以及不断移动且方向变化莫测的大冰块，只有专业的导游和设备才能够保证安全，收获一次难忘的旅程。

只能远观，它是挪威境内攀登难度最低的冰川，众多的冒险爱好者在向导的带领下，穿着钉鞋，系着安全缆绳，爬上冰川，在茫茫的冰川上来一次华丽的冰河漫步。若是还未尽兴，甚至还可以乘坐环保车前往附近坐落在海拔一千多米高的高山上的碧斯达冰川，这个壮丽的冰川从山峡间呈八字形倾泻而下，汹涌澎湃的姿态让人无比震撼。

一路延伸的冰川虽然是凝固的，但其涌动的姿态仿佛正在流动的河流，十分生动壮观，徒步挑战这种冰河也充满了乐趣。游客可以率先乘车前往尼加斯布林湖，再花少许时间乘船前往这片神秘的蓝色冰川。冰河徒步只在每年的 7 月至 9 月间开放，游人需要穿上“钉鞋”，绑好安全绳，从一个冰台的入口进入，开始领略微蓝冰原的魅力。如同走上台阶，冰川徒步之旅自此开启，在冰川上远足是一种令人难以置信的体验，也是最令人难忘的旅程，但同时也需要参与者有极高的警惕性，而且要具备丰富的知识以及必要的装备。

挪威当地的熏鲑鱼、新鲜鳕鱼、鲱鱼和虾，非常美味。另外，羔羊肉、牛肉、驼鹿肉和驯鹿肉也比较常见，不妨一尝。

冰雪王国挪威，从远古时代开始就被冰雪覆盖着，千百年来，这里一直留有冰川时代的印记。尼加斯布林冰川是挪威最具人气的冰川，是人们可以近距离接近的冰川。远远望去，蓝莹莹的冰川，高高悬挂在青翠的峡谷之上，十分壮美。而大大小小的冰川和由冰川造就的峡湾，也是挪威最明显的标志。

北方有佳人，绝世而独立

奥勒松

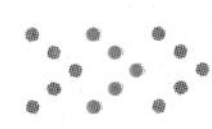

在许多“北欧控”的眼中，挪威是个永远的童话。无穷尽的曲折峡湾和无数的冰河遗迹构成了壮丽的挪威峡湾风光，而躺在峡湾臂弯里有着温婉艺术气息的滨海小城奥勒松，则会让人们的每一天旅程都像是童话一般。

奥勒松孤零零地站在北纬 62°，位于挪威西部，由 3 座小岛组成。这里海岸线蜿蜒绵长，大海深入到内陆的崇山峻岭中，从而造就了举世闻名的峡湾，也幻化出奥勒松这座色彩纷呈的海滨小城，它冷艳又高贵，到处充满德国新艺术气息，仿佛绝世独立的佳人。

所在地：挪威

特　点：脚踩着浩瀚冰冷的大西洋，眼望着隐隐若现的北极圈，冷艳孤傲，绝世独立

奥勒松处于大西洋岸边，只有 4 万人口，三座小岛手牵手、肩并肩，勾勒出奥勒松温柔的曲线，又有峡湾环绕的壮美景观，再加上孙默勒地区绵延的群山和时而光顾的绚丽多姿的北极光，让奥勒松美得不像话。然而

[奥勒松海边]

奥勒松地理位置极佳，坐落在挪威默勒—鲁姆斯达尔郡的三个岛屿上，这个城市具有鲜明的“新艺术”设计特色。这种整齐划一的建筑风格是受历史上一场灾难及早期外援影响的结果。

1904 年的一场大火却几乎将这座小城付之一炬，但也让它有了一次凤凰涅槃、浴火重生的经历。德国对奥勒松的重建伸出了援助之手，重建建筑都采用了当时德国盛行的“新艺术风格”。重生的奥勒松整座城市都是简洁明快的砖石建筑，五颜六色，整齐划一。每个到访奥勒

[奥勒松小镇]

松的游客非做不可的一件事便是登上小城的最高山——海拔189米的阿克斯拉山，鸟瞰这座美若童话的城市。从高处看去，海水蜿蜒于建筑之间，各种碉楼、塔楼、古堡，以及独具风格的外装饰，让小镇多了些小桥流水的韵味，也让小镇仿佛是从童话里出来的，似乎每一栋建筑里都住着童话里的小矮人。

阿克斯拉山可以说是奥勒松的最佳观景台，清晨的薄雾中著名的418级台阶依稀可见，道路两侧的树叶还缀挂着昨夜的晶莹泪滴。如果拾级而上，人们视野会随着海岸线延伸，奥勒松的全貌便渐入眼帘。奥勒松就这么安静地躺在崎岖的大西洋群岛之中，远近岛屿此起彼伏，周围山峦耸立，水路弯曲分割着街区，游艇在水中停泊，仿佛北欧童话故事的舞台背景。

[奥勒松田园风光]

在奥勒松，自驾旅游是一种极致的享受，一路风光无限：时而是静谧的村庄，时而又是碧绿的田园；时而是精美的峡湾，时而又是黛色的山峦。陡峭的山崖、山间废弃的木屋、飞流直下的瀑布，还有云雾缭绕的村庄，一切都美得仿若一幅印象派的画作。

钓鱼是奥勒松人最爱的运动之一，游人也可以跟着游艇出海钓鱼，三文鱼、鳕鱼、鲑鱼、帝王蟹、北极虾……据说，在这里钓鱼就像在渔场里捕鱼一样容易，你能吃到自己钓到的各种新鲜鱼类。因此，奥勒松不仅有古典神秘的市容风光，还是挪威重要的海产品出口港之一。此外，还有现代科技的水族馆——奥勒松水族馆，它位于海岛西面，里面有很多世界其他地方难得一见的海洋生物品种，游客可以在此欣赏到饲养员的海狮投喂表演。

出没在峡湾里的"海盗"

金沙维克

金沙维克是有着特别情调的地方，空气湿润，气候温暖适宜，四季皆宜旅游。这里有宁静的峡湾景色，是游览著名的哈当厄尔峡湾风光的好地方，也是一个著名的峡湾小镇。在一千年以前，此地曾是海盗出没的地方，因而也被称为"海盗小镇"。

北欧著名的峡湾小镇金沙维克坐落于挪威哈当厄尔峡湾的一个角落，藏在连绵不绝的高山褶皱之中，它也是一个著名的海盗小镇，因为这里在一千年前是靠抢劫掠夺而谋生的海盗的大本营。这里四周雪山、峭壁环绕，游客可以浏览别具特色的北欧风光和自然美景，也可欣赏到壮阔的峡湾风采。

所在地：挪威
特　点：藏在连绵不绝的高山褶皱之中，曾是海盗的大本营，环海的高山林木密实深邃，山岚凝滞、峡湾静穆

金沙维克小镇非常小，从奥斯陆出发，驱车两小时即可达到。这是个被金山覆盖的地方，拥有很多山脉的风景，而高山被大雪覆盖。小镇的草地是观赏金沙维克景色的最佳视角，坐在青翠的草地上，眼前是绿，远处是海水宝石般的蓝，而左右两边又是山峰冰雪的白。偶尔不知名的鸟掠过水面，激起一圈一圈的涟漪。置身其中，静谧无比，给游人带来无比的充实感和满足感。

金沙维克是热闹中的一片安静领域，这里峡湾静穆，浮着的水鸟交颈而眠，偶尔也有孤独的海船驶过青蓝的洋面。环海的高山林木密实深邃，山岚凝滞。岸边粗粝的礁岩渐次向陆地延宕开去，最终铺展为微微起伏的青草缓坡，草甸上有粗笨黑褐的木凳，还有白色小教堂，木门微启，烛火清亮。这般岑寂，远胜于空山鸟语的意境，令人流连忘返。

[金沙维克田园风光]

真正的世界尽头的模样

北角

挪威北角位于欧洲大陆的北端，号称地球上最特殊的一个地区，没人能妄想继续前行。不同于想象中的荒凉禁地，这里恍然仙境，不断吸引着探险爱好者前来探险，是人一生中一定要去一次的地方。

所在地：挪威

特　点：是一块位于直插北冰洋的悬崖之上的高地，没有植被，低矮细密的苔藓地覆盖在裸露的砂石之上，号称世界的尽头

挪威北角，号称世界之巅，是挪威北部的海角，是一块位于直插北冰洋的悬崖之上的高地。它地处马格尔岛北端，位于北角东南 80 千米处的诺尔辰角则是欧洲大陆的极北点。挪威北角号称欧洲大陆的最北端，也是公路能到达的欧洲大陆最北端。由于它特殊的地理位置，故而又被称为“世界的尽头”。

于普通人来说，北角可能是一生中能够到达的最北端了。踏上北角，漫步在这宽广的天地里，似乎让人并不愿意走到尽头。放眼望去，这里几乎看不到任何植被，低矮细密的苔藓覆盖在裸露的砂石之上，如果足够幸运，或许还能偶遇雪橇小能手驯鹿。

大部分游客选择坐飞机的方式前往北角，一般先乘坐飞机到达特罗姆瑟，这是挪威的第三大城市，也是北极圈内第一大城市，经济发达。前往北角前的最后一站是一座叫做霍宁斯沃格的小镇，从小镇驱车 1 个多小时就可抵达北角。镇上宁静至极，雕塑、花草、海湾、帆船、闲散的人们，安详而静谧。

[北角]

北角还具有地理上的意义，它与斯匹次卑尔根群岛间的连线是挪威海和巴伦支海的分界；北大西洋暖流经北角流入巴伦支海后便改成北角洋流；北角扼摩尔曼斯克通往大西洋的航道，具有重要的战略地位；北角向西南至斯塔万格的连线是北欧地质构造上的一条重要分界。西为加里东褶皱带，东是波罗的地盾，斯堪的纳维亚山脉即以北角为终点。

在车上，远远地就能看到那块花岗岩从悬崖边翘出。踏上北角的时候，让人顿时感觉众生皆渺小。置身于宽广的天地间，仿佛望不穿世界尽头。夏季，这里的太阳整晚都照射着大地，是有名的午夜太阳区。若是冬季，则是令人难以想象的孤寂，但或绿或红的极光绝对能补偿你对光的渴望。传说，一位英国船长带领船队绕过欧洲最北端时，偶然发现了这片新大陆，而将这一雄伟壮丽的海角命名为“北角”。数百年来，这块古老的岩石就成为沿海商人、当地渔民以及传说中海盗们的航海标志。而岩石上方屹立着镂空的地球仪雕塑，则是北角的地标。

北角地区的地形是一片横切前寒武纪砂岩层的高原，沿海一面呈峭壁，海拔 307 米，气势雄伟。北角还以夏季的极昼著称，有不少游船专程来观赏极昼奇观。

[北角地标]

登上令人视野开阔的观景台，美丽景色一览无余，周围是几近垂直的悬崖，俯瞰下面则是壮阔的北冰洋。站在观景台上眺望远处，海的颜色清冽无比，远方的群山上也是白雪皑皑。在观景台入口处，有一座彩色石块堆成的四方台，上端立着指向北方的箭头，箭杆上则标明了北角的纬度——北纬 71°10′21″。据说这里距离当年爱情巨轮泰坦尼克号沉没的地方仅有 30 海里。

“尽头”或许会让人感到凄美和绝望，但北角带给人们的却是神秘的遐想和无限的憧憬。它坐落于北极圈内，因此也是观赏极光的极佳地点。世界各地的游客跋涉千山万水慕名前来，只为了邂逅极光的极致之美。

挪威北角不是某一处景点令人流连忘返，而是一路风光无限。蓝天、海浪、远山，还有船尾迎风招展的鲜艳国旗，一路上时而鸟语湖波，时而云雾缭绕，时而山涧瀑布，时而白雪皑皑。北角的民居，是一栋栋色彩鲜艳的小房子，点缀着柔美的村落，让人宛若来到世外桃源。

世界上最长最深的峡湾

松娜峡湾

峡湾即大海延伸到陆地山谷中很深很长的海湾。挪威以峡湾闻名，有“峡湾国家”之称，无穷无尽的曲折峡湾和无数的冰河遗迹构成了壮丽精美的峡湾风光。而松娜峡湾是世界最长、最深的峡湾，号称峡湾之冠。

所在地：挪威

特　点：峡湾沿途两岸悬崖高耸入云，瀑布随处可见，号称峡湾之冠，是世界最长、最深、最漂亮的峡湾
…

挪威人视峡湾为灵魂，以峡湾为荣，认为峡湾象征着挪威人的精神与性格。挪威的峡湾被国际著名旅游杂志评选为“保存完好的世界最佳旅游目的地和世界美景”之首，并且被列入《世界遗产名录》。在众多的峡湾中，距挪威第二大城市卑尔根不远的松娜峡湾，号称世界最长、最深、最美的峡湾，它长204千米、深1308米，是举世无双的景观。

传说，峡湾是冰河时期地壳变动留下的遗迹，海洋伸入陆地，切割高山，形成深谷海峡。峡湾给人带来的不仅只是视觉的冲击，还有心灵的震撼。松娜峡湾两岸山高谷深，谷底山坡陡峭，垂直上长，直到海拔1500米的峰顶，包括奥兰峡湾和奈罗峡湾支流峡湾，是由于冰川运动造成的地质构造的。奥兰峡湾面临风景秀丽的富拉姆山谷和世界上最陡峭的高山铁路支线——富拉姆铁路，奈罗峡湾则是拥有欧洲最窄水道的峡湾。因此游览

[松娜峡湾]

峡湾的同时，还可以观光到许多大自然的鬼斧神工之迹。

[松娜峡湾]

选择一个静谧的早晨，航行在平如镜面的松娜峡湾上，沿途村庄仿佛世外桃源，彩色的小木屋镶嵌在碧绿之中。

事实上，乘坐世界上最陡峭的高山铁路支线——富拉姆铁路，从高角度欣赏峡湾风光是游览松娜峡湾的最安全可靠且激动人心的方式。

富拉姆铁路建于20世纪初，长20千米，是全世界普通火车轨道坡度最为陡峭的火车旅程，途经哈瑞纳村，该村里有富拉姆教堂。富拉姆铁路还经过尤斯大瀑布，这里的瀑布水流从山上湍流而下，溅起的水花和烟雾亦幻亦真，最有趣的是瀑布中腰的山石上有“山妖”表演。奈罗峡湾支流峡湾最狭窄处船只如穿行在隧道之中，崖壁仿佛在一步步靠近，眼看着船要被两山夹住，稍稍一转又峰回路转。

[山妖雕像]

山妖个头矮小、满头乱发、尖耳朵、大肚皮、牙齿参差不齐，长相都类似人类。但山妖只有四个手指和四个脚趾，而且都有一条像牛一样的尾巴，脸上总是一副笑嘻嘻的样子，丑陋而逗趣。山妖外表丑陋，但心地善良。

不过，松娜峡湾最美丽的季节还是初夏，峡湾两岸峡光山色，到处开满色彩斑斓的花，点缀着蔚蓝色的大海和翠绿色的山谷，使美丽如画的延绵山脉变得愈加生动，鲜艳花朵以及清透的大峡湾的水流构成美不胜收的画面。

全球50处最壮丽的自然景观之首

布道石

这是一块被诗化的石头，在这里人们可以直接领略到挪威峡湾的无穷魅力和大自然的鬼斧神工，它曾被CNN等评为“全球50处最壮丽的自然景观之首”。在这里，开始你的布道之路吧！

所在地：挪威
特　点：十分之高，周围有美丽的峡湾风光

布道石位于挪威斯塔万格市的吕瑟峡湾中部，是一块在冰川运动中形成的巨岩，它耸立在峡湾深处的崇山峻岭之中，十分壮观。这块石头高约604米，每年有将近10万人来到这块黑色的石头上游览。

站在布道石上，吕瑟峡湾的风景尽收眼底，这个靠近极地的峡湾没有大海的波涛汹涌，也没有成片的绿树山林，这里只有高耸的悬崖映照在峡湾中的美丽倒影，在这里，人们常常分不清哪个是倒影，哪个是悬崖。

作为挪威峡湾旅游的一大标志，布道石的美不必多说。行走在布道石的峡湾间，这里的气候多变，当小雨飘洒下来时，湖光山色融为一体，十分美丽。布道石与蜿蜒的吕瑟峡湾的垂直落差高度达604米，因此，要想登上布道石上去看风景往往需要极大的勇气，官方也建议尽量不要靠近悬崖边，因为为了保护当地生态，布道石周围未搭建保护措施，这使许多游客不敢爬上布道岩。但当真正站到这块高耸的悬崖断壁上，人们会不由自主地感叹人在自然面前是何等渺小和弱不禁风。

[布道石]

“布道石”是挪威旅游网站的官方译名，这是一个非常具有禅理的翻译，这个石头没有找到什么典故，最初给它取名的人大概是因为它的形状类似教堂牧师的讲台，因此便赋予它这一神圣的名字吧。

Is the polar beauty

11 胜似极地美景

神奇大地的至北端

漠河

漠河，位于北纬53°，中国最北端，素有“中国北极城”的美称。这里苍莽林海，钟灵毓秀；冰雕玉琢，雪域经年；龙江万里，直趋沧海；湿地静幽，野趣盎然。资源丰富，天象奇特，有“金鸡冠上之璀璨明珠”的美誉。

所在地：中国

特　点：景色以雄壮天然见长，有“中国北极城”之称，是中国唯一观测北极光的最佳地点

漠河县地处我国版图最北端，在黑龙江上游南岸，隶属于黑龙江大兴安岭地区，又称墨河，据说是因河水黑如墨而得名，是中国纬度最高的县。这里景象奇秀，以雄壮天然见长。境内原始森林、冰雪、湿地、界江等均为原生态、少雕琢、无污染的天然现象。

神州北极漠河，是一个“找北”的地方。北方漠河五月始迎春，点点新绿从落叶松、白桦、山杨林间涌出，在青松衬托下，杜鹃花海在阳光里如大地上的红霞。夏天的漠河则有绚丽多彩的北极光，龙江日出、晨雾、云海等也都很常见。金秋的漠河，天高云淡，

[北极村]

北极村已不仅仅是一个历史悠久的古镇，它逐渐成了一种象征、一个坐标。每年都有很多人从世界各地来到这里体会那份最北的幸福。

景色壮美。而寒冬腊月中的漠河，则是一派茫茫雪海，湛蓝的天空干净澄清，还有无尽的白桦树，具有千里冰封、万里雪飘的独有北国风光。

北极村是漠河县最北的村镇，同时也是中国最北的城镇。走进村落你便会看到木栅栏上的红色标语——找北，请您到漠河！在这里有中国最北的邮局，最北的购物中心，最北的派出所，最北的乡政府，最北的小学，甚至还有最北的厕所。带着原始气息的木刻楞房子，袅袅渺渺轻烟从烟囱中溢出，在清冽的空气中弥散、飘绕。这个村庄在冬日里宛如俄罗斯乡间油画那样凝实厚重。

北极村也是中国唯一观测北极光的最佳地点。极光是一种大自然天文奇观，通常是白中带绿、带红、带黄、带蓝、带紫或粉红，形态可分为弧状极光、幕状极光、带状极光、放射状极光四种。当霞光渐渐隐没，夜幕降临时，便是守候极光的时刻。入夜的漠河寂静无声，四望一片苍茫。每年 11 月至次年 2 月晚上 10 点到凌晨 2 点，是观看北极光的最佳时刻。

如果你没有来到过漠河，就不要说自己见过白桦林。这里的白桦林风姿绰约，圣洁而高贵。这枝叶扶疏、

[北极村极光]

北极村以北极光和极昼现象闻名于世。每当夏至前后，一天 24 小时几乎都是白昼，午夜向北眺望，天空泛白，西边晚霞未逝，东方朝晕又起，像傍晚，又像黎明，每年的夏至节都吸引着国内外游客从各地赶来，欣赏这年度的自然景观。

树皮柔韧而洁白，上面有美丽的紫色斑纹的树，享有“纯情树”的美誉。在这里，你可以在没膝的雪床中悠闲躺下，仰望白桦林树梢间的蔚蓝天空，或趴在雪床上倾听大地的脉搏。

在漠河，建于2002年占地4.5公顷的北极星广场是人们晨练、休闲、娱乐的首选场所。位于153个台阶至上的北极星雕塑则是漠河县的标志性建筑，名为腾飞。左边是一只展翅欲飞的天鹅，右面则是一只引吭高歌的金鸡，意为漠河是“金鸡之冠、天鹅之首”，最顶端的星位就是北极星。在这里每年都有很多大型的广场文化活动，如北极光节、冰雪文化节、国际冰雪汽车越野拉力赛等开幕仪式都在北极星广场举行。站在广场上，既可以看到很多的冰雕作品，还可以俯瞰整个漠河县城。

也许是天气特别寒冷的缘故，生活在北方的人大都离不开酒，因此也产生了许多与酒有关的故事、传说和习俗。在漠河就有这样一种饮酒习俗：不论谁请客或办事，在开席时，总是要在主人的倡导下先干三杯，然后才能正式开席。这三杯主人总要说出些名堂来，客人才肯喝。

漠河，一个伴随着寒冷北极光的极寒之地，是中国的北极，也是地球上最寒冷的地方之一。

[雪后白桦林]

斯洛文尼亚的童话秘境

布莱德岛

地处欧洲中心的斯洛文尼亚是一个美丽的中欧小国，它那美丽的湖泊和绿油油的草地是人们争相拜访的地方，其中最美的秘境布莱德岛更是引人入胜。岛上有几座建筑，最大的是圣母升天教堂。

所在地：斯洛文尼亚共和国

特　点：点缀在祖母绿色的湖水中，岛上零星有建筑几座，其中最大最美的是圣母玛利亚升天教堂

布莱德湖被称作斯洛文尼亚的冰玉奇镜，坐落于阿尔卑斯山南麓，由冰山顶部积雪的融化成水而不断注入湖中，故有“冰湖”之称。湖畔密林浓翠，雪山下宁静的湖面映衬着阿尔卑斯雪山的如明镜般清晰迷离的倒影。深秋的湖面晨雾缭绕，11 世纪的古老马车在湖畔的小路上驶过，让人犹如置身童话仙境，这也使其成为旅游斯洛文尼亚不容错过的美景。

位于布莱德湖的布莱德岛，是斯洛文尼亚唯一的一座天然的原始风貌的岛屿，它点缀在祖母绿色的湖水中，与远处高踞在百米悬崖之上的神秘古堡遥相呼应。豪华型的野奢酒店沿湖而建，景色绝美，引人入胜，大多改造于当地贵族的宅邸。这里被誉为欧洲最美丽的角落之一，人们可以在湖岸边驻足欣赏天鹅的冷艳高贵，或者感受林间小路的幽静。可以步行、自驾，甚至乘坐中世纪古香古色的马车前往湖畔西侧，那里有沿着湖边搭建的修葺完善的木质步道。漫步于碧清静谧的湖边，沿途会不时遇到安静坐在树荫下的油画艺术家，静静驻足欣赏他们的绘画过程，让人甚是惬意。

[布莱德湖]

布莱德岛上零星有建筑几座，其中圣母升天教堂是布莱德岛的标志。教堂建于 15 世纪，登上 99 级台阶，这座高 52 米的塔楼，就是当地贵族最钟情的婚礼举办地。依照当地人的传统，婚礼前男人背着新娘登上 99 级台

[布莱德岛]

传说在教堂钟楼里曾有 3 口大钟。其中一口沉落湖底。每逢月白风清之夜，人们站在湖旁能听到隐隐钟声。湖四周葱绿的树林、明镜般的湖面、湖中给人梦幻般感觉的阿尔卑斯山雪白的倒影，构成了布莱德湖迷人的自然风光，也使它无愧于那“山上的眼睛”的赞誉。

[布莱德城堡]

雄踞在百米峭壁之上的布莱德城堡建于 10 世纪，是座混合了歌德式和罗马式的建筑，城堡分为上城、下城，上城为民居和教堂，而下城则建了高墙作为防守，现今城堡已变为餐厅和博物馆，介绍布莱德的历史以及展出中古时期的当地人家居和生活模式。

阶作为忠贞的象征，新娘则在此期间保持沉默，期许美好的未来。

巴洛克式教堂敲打着 178 千克重的圣钟，即使在湖畔与山林中，也能听到隐隐回响。这里也是人们慕名而来的主要原因，钟声浑厚而悠长，人们敲击大钟以企盼美好的未来。这里还有一个凄美的传说，相传在 16 世纪，一对彼此深爱的年轻伴侣笃信基督教，用毕生财富修建了湖心岛上的这座教堂并定居于此。不料若干年后，奥斯曼帝国大举入侵，丈夫不得不踏上前线，走上了保家卫国之路，并最终遭遇不幸未能回到妻子身边。悲怆绝望的妻子为寄托对丈夫的深切思念，变卖了余下的所有家产，修筑了一口大钟捐赠给教堂。

布莱德岛是一个森林环绕、高出水面 20 米的小岛。凄美的传说、得天独厚的自然景色构建了这座梦之岛。这里幽静的湖光山色，令人心旷神怡，还有野鸭天鹅自由穿行，俨如一幅漂亮的油画名作。这里曾经是南斯拉夫领导人疗养休假的首选胜地，现在已经成为各国游客到斯洛文尼亚旅游的著名景点，同时也是人们津津乐道的斯洛文尼亚的童话秘境。